SW 정보영재

영재성 검사

창의적 문제해결력 모의고사

초등 3~4학년

SD에듀

시대교육(주)

SW 정보영재
영재성 검사

창의적 문제해결력 모의고사

이 책을 펴내며

정보 분야를 공부하는 새로운 방법

우리는 인공지능, 사물인터넷, 빅데이터, 자율주행자동차, 가상현실, 드론 등 첨단 기술과 데이터가 넘쳐나는 시대에 살고 있습니다. 이러한 정보통신기술이 사회 전반에 융합되어 이전에는 겪어보지 못한 변화가 나타나는 시대를 4차 산업혁명 시대라 부릅니다.

컴퓨터는 인간의 생활을 편리하게 만들어 주었고, 스마트폰은 우리 일상에서 뗄 수 없는 필수 요소가 되었습니다. 이와 같은 장치와 기술을 잘 사용하고, 이들의 원리를 파악하고, 더 나아가 직접 프로그램과 장치를 만들 수 있는 학생이라면 4차 산업혁명 시대를 이끌어 나갈 수 있는 정보영재라 할 수 있을 것입니다.

창의성과 이산수학, 컴퓨팅 사고력 등 이 교재에서 다루는 내용은 대학부설 영재교육원이나 교육청 영재교육원의 정보, 소프트웨어(SW), 로봇영재 선발과 소프트웨어 사고력 올림피아드, 정보 올림피아드와 같은 대회에서 평가되는 부분입니다. C언어나 자바와 같은 프로그래밍 언어를 몰라도 충분히 도전해 볼 수 있으며, 새로운 시대를 살아갈 학생들이 반드시 알아야 할 내용이기도 합니다. 「SW 정보영재 영재성검사 창의적 문제해결력 모의고사」는 정보 관련 영재교육원이나 대회를 대비하는 가장 효과적인 방법이 될 것입니다.

「SW 정보영재 영재성검사 창의적 문제해결력 모의고사」는 기존에 없던 새로운 교재이며, 누구나 쉽고 재미있게 정보 분야를 공부할 수 있는 교재입니다. 정보, 소프트웨어, 로봇과 같은 새로운 분야에 관심을 가지고 도전하는 학생들의 용기에 이 교재가 도움이 되었으면 합니다.

안쌤영재교육연구소 이상호(수달쌤)

4차 산업혁명 시대에 살고 있는 우리의 현실을 생각할 때 정보 영재교육원은 수학·과학 영재교육원에 못지 않은 역사를 가지고 있으나 아직까지 제대로 된 영재교육원 준비 교재가 한 권도 출시되지 않았다는 사실에 아쉬운 점이 많았다. 여전히 수학, 과학에 비해서 학생과 학부모님들의 관심을 덜 받고 있기 때문이라는 생각이 든다.

이 책이 정보 영재교육원을 준비하는 학생들에게 어떤 준비를 해야 하는지 이정표가 되고, 더 많은 학생들이 정보 영재교육원 시험에 도전해 볼 수 있는 계기가 될 수 있기를 기대해 본다.

행복한 영재들의 놀이터 원장 정영철

이 책의 구성과 특징

본책 ▶ 문제편

SW 정보영재 영재성검사 창의적 문제해결력 모의고사 4회분 수록!

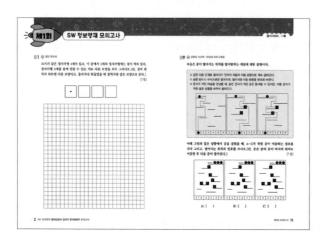

3~4학년 정보 · 로봇 분야 영재성검사 창의적 문제해결력 평가의 최신 출제 경향을 파악하여 모의고사 4회분을 수록했습니다.

창의성, 이산수학, 컴퓨팅 사고력, 융합 사고력을 평가할 수 있는 문항으로 구성된 모의고사를 풀어 보면서 실전 감각을 익혀 보세요!

책 속의 책 ▶ 해설편

평가가이드 문항 구성 및 채점표

평가영역을 창의성, 이산수학, 컴퓨팅 사고력, 융합 사고력으로 나눈 문항 구성 및 채점표를 통해 자신의 위치를 점검할 수 있습니다. 평가결과에 대한 학습 방향을 제시하여 자신의 부족한 점을 개선해 보세요!

정답&해설 및 채점기준

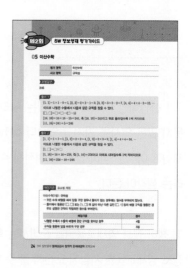

문제에 대한 모범답안, 예시답안, 풀이 과정, 해설 및 채점기준을 알기 쉽고 자세하게 수록했습니다. 자신의 답과 선생님의 답안을 비교해 보세요!

영재성검사 창의적 문제해결력 평가란?

소프트웨어(SW), 정보영재, 로봇영재를 선발하는 방법으로 영재성검사나 창의적 문제해결력 검사가 진행된다. 주요 평가 내용은 창의성, 이산수학 사고력, 컴퓨팅 사고력을 기본으로 한다. 이산수학 사고력은 교과 내용과 관련성이 높지 않은 내용은 출제되지 않는다. 또한, 컴퓨팅 사고력에서 프로그래밍 언어나 코딩과 같이 교과 과정에서 다루지 않는 내용은 출제되지 않는다.

정보영재 / 로봇영재 영재성검사 창의적 문제해결력 평가

창의성	수학적 사고력	컴퓨팅 사고력
유창성 독창성 ⋮	경우의 수 확률 통계 경로 그래프 규칙 논리 ⋮	순서도 알고리즘 프로그래밍 하드웨어 소프트웨어 자료 데이터 분류 보안 정보윤리 ⋮

대학부설 영재교육원
SW, 정보영재, 로봇영재 선발 현황

(2023년 선발 기준)

지역	교육기관	분야	지원학년	선발인원
서울	서울대학교 과학영재교육원	수리정보	초6, 중1	20명
서울	서울교육대학교 과학영재교육원	정보심화	초4, 5	20명
서울	서울교육대학교 과학영재교육원	수학정보심화	초6	20명
서울	서울교육대학교 소프트웨어 영재교육원	기본, 심화	초3~중1	180명 이내
경기	동국대학교 과학영재교육원	다빈치	초6, 중1	12명
경기	아주대학교 과학영재교육원	정보융합	초5, 6	30명
경기	경인교육대학교 과학영재교육원	SW · AI	초5	25명
강원	강릉원주대학교 과학영재교육원	인공지능	초3, 4, 5	20명
대구	경북대학교 정보영재교육원	기초, 심화	초6, 중1	40명
대구	대구대학교 정보영재교육원	기초	초4~중3	30명
경북	안동대학교 과학영재교육원	소프트웨어	초5	10명
대전	충남대학교 과학영재교육원	중등 정보	초6, 중1	20명
대전, 충남, 세종	공주대학교 과학영재교육원	소프트웨어반	초5	16명
세종	한국교원대학교 영재교육원	정보 AI	중1~3	30명
전북	전북대학교 과학영재교육원	정보	초6, 중1	15명
전북	전주교육대학교 영재교육원	소프트웨어 · 인공지능	초4, 5	17명
광주	광주교육대학교 과학영재교육원	로봇사이언스	초2, 3, 4, 5	70명
광주	광주교육대학교 과학영재교육원	SW · AI · 코딩	초3, 4, 5	50명
전남	순천대학교 과학영재교육원	IT융합	초6, 중1	10명
전남	목포대학교 과학영재교육원	과학 · ICT	초5	48명
부산	부산대학교 과학영재교육원	IT · 수학융합	초6, 중1	20명
부산	인제대학교 과학영재교육원	정보과학	초6, 중1	10명
울산	울산대학교 과학영재교육원	융합정보과학	초6, 중1	15명
경남	경상대학교 과학영재교육원	정보	초5, 6, 중1	27명
경남	창원대학교 과학영재교육원	정보	초4~중1	34명
제주	제주대학교 과학영재교육원	컴퓨팅정보융합	초5~중2	32명

※ 2023학년도 선발 자료를 바탕으로 했으므로 2024학년도 모집요강을 반드시 확인하시기 바랍니다.

교육청이나 융합과학교육원, 교육정보원, 영재학급 등에서도 SW, 정보영재, 로봇영재 교육과정이 진행되고 있습니다. 반드시 해당 교육원 모집요강을 확인하시기 바랍니다.

☑ SW 사고력 올림피아드 소개

소프트웨어 사고력이란?

문제 해결이 요구되는 실제적인 내용에 대해 소프트웨어적 접근을 통해 정보요소를 발견하고, 이를 비판적이고 분석적으로 이해하여 적절한 절차를 통해 새롭게 조합하여 창의적인 결과물로 표현하는 능력을 일컫습니다.

이는 초·중등 학생들에게는 보다 쉽게 소프트웨어 교육을 접근할 수 있는 역량입니다.

★ 참가 대상

소프트웨어 사고력에 관심이 있는 초등학교 3학년~중학교 3학년

★ 문항 출제 유형 및 형식

대상	문항 수	유형	시험시간
초등 3~4학년	3~4문항	서술형	13:00~13:50(50분)
초등 5~6학년	4~5문항	서술형	15:00~16:00(60분)
중등 1~3학년	5~6문항	서술형	17:00~18:10(70분)

☑ 정보 올림피아드 소개

대회 목적과 의의

초·중·고등학생이 참가하는 컴퓨터 프로그래밍 대회입니다. 2018년까지는 과학기술정보통신부에서 주최했지만, 2019년부터는 한국정보과학회에서 주최 및 주관을 하고 있습니다.

수학적 지식과 논리적 사고능력을 필요로 하는 알고리즘과 자료구조를 적절히 사용하여 프로그램 작성 능력을 평가하는 것으로, 시·도별 지역대회를 거쳐 입상한 학생이 전국대회에 출전하게 됩니다.

★ 참가 대상

1차: 초·중·고등학교 재학생 또는 이에 준하는 재/비재학생 또는 외국인학교 재학생의 경우 초·중·고등학생의 나이면 해당 부문 응시 가능

2차: 1차 대회 동상 이상 수상자

★ 문항 출제 유형 및 형식

유형		문항 수	형식
1차	이산수학	10~15문항	객관식 5지 선다형
	컴퓨팅 사고력	8~10문항	객관식 5지 선다형(비버챌린지 유형의 문항)
	실기문제	2문항	C11, C++17, PyPy3, Java 11을 활용해 특정 결과가 출력되도록 프로그래밍
2차	실기문제	4문항	C/C++, Python, Java를 활용해 특정 결과가 출력되도록 프로그래밍

영재교육원에 대해 궁금해 하는 Q&A

영재교육원 대비로 가장 많이 문의하는 궁금증 리스트와 안쌤의 속~ 시원한 답변 시리즈

No.1 안쌤이 생각하는 대학부설 영재교육원과 교육청 영재교육원의 차이점

Q 어느 영재교육원이 더 좋나요?

A 대학부설 영재교육원이 대부분 더 좋다고 할 수 있습니다. 대학부설 영재교육원은 교수님의 주관으로 진행되고, 교육청 영재교육원은 영재 담당 선생님이 진행합니다. 교육청 영재교육원은 기본 과정, 대학부설 영재교육원은 심화 과정과 사사 과정을 담당합니다.

Q 어느 영재교육원이 들어가기 어렵나요?

A 대학부설 영재교육원이 합격하기 더 어렵습니다. 보통 대학부설 영재교육원은 9~11월, 교육청 영재교육원은 11~12월에 선발합니다. 먼저 선발하는 대학부설 영재교육원에 대부분의 학생들이 지원하고 상대평가로 합격이 결정되므로 경쟁률이 높고 합격하기 어렵습니다.

Q 선발 방법은 어떻게 다른가요?

A

대학부설 영재교육원은 대학마다 다양한 유형으로 진행이 됩니다.	교육청 영재교육원은 지역마다 다양한 유형으로 진행이 됩니다.
1단계 서류 전형으로 자기소개서, 영재성 입증자료 **2단계** 지필평가 　　　　(창의적 문제해결력 평가(검사), 영재성판별검사, 　　　　창의력검사 등) **3단계** 심층면접(캠프전형, 토론면접 등) ※ 지원하고자 하는 대학부설 영재교육원 모집요강을 꼭 확인해 주세요.	GED 지원단계 자기보고서 포함 여부 **1단계** 지필평가 　　　　(창의적 문제해결력 평가(검사), 영재성검사 등) **2단계** 면접 평가(심층면접, 토론면접 등) ※ 지원하고자 하는 교육청 영재교육원 모집요강을 꼭 확인해 주세요.

No.2 교재 선택의 기준

Q 현재 4학년이면 어떤 교재를 봐야 하나요?

A 교육청 영재교육원은 선행 문제를 낼 수 없기 때문에 현재 학년에 맞는 교재를 선택하시면 됩니다.

Q 현재 6학년인데, 중등 영재교육원에 지원합니다. 중등 선행을 해야 하나요?

A 현재 6학년이면 6학년과 관련된 문제가 출제됩니다. 중등 영재교육원이라 하는 이유는 올해 합격하면 내년에 중 1이 되어 영재교육원을 다니기 때문입니다.

Q 대학부설 영재교육원은 수준이 다른가요?

A 대학부설 영재교육원은 대학마다 다르지만 1~2개 학년을 더 공부하는 것이 유리합니다.

No.3 지필평가 유형 안내

Q 영재성검사와 창의적 문제해결력 검사는 어떻게 다른가요?

A 과거

영재성 검사		학문적성 검사		창의적 문제해결력 검사
언어 창의성				수학 창의성
수학 창의성		수학 사고력		수학 사고력
수학 사고력	**+**	과학 사고력	**=**	과학 창의성
과학 창의성		창의 사고력		과학 사고력
과학 사고력				융합 사고력

현재

영재성 검사	창의적 문제해결력 검사
일반 창의성	수학 창의성
수학 창의성	수학 사고력
수학 사고력	과학 창의성
과학 창의성	과학 사고력
과학 사고력	융합 사고력

지역마다 실시하는 시험이 다릅니다.
서울: 창의적 문제해결력 검사
부산: 창의적 문제해결력 검사(영재성검사＋학문적성검사)
대구: 창의적 문제해결력 검사
대전＋경남＋울산: 영재성검사, 창의적 문제해결력 검사

No.4 영재교육원 대비 파이널 공부 방법

Step1 자기인식

자가 채점으로 현재 자신의 실력을 확인해 주세요. 남은 기간 동안 효율적으로 준비하기 위해서는 현재 자신의 실력을 확인해야 합니다. 기간이 많이 남지 않았다면 빨리 지필평가에 맞는 교재를 준비해 주세요.

Step2 답안 작성 연습

지필평가 대비로 가장 중요한 부분은 답안 작성 연습입니다. 모든 문제가 서술형이라서 아무리 많이 알고 있고, 답을 알더라도 답안을 제대로 작성하지 않으면 점수를 잘 받을 수 없습니다. 꼭 답안 쓰는 연습을 해 주세요. 자가 채점이 많은 도움이 됩니다.

안쌤이 생각하는 영재교육원 대비 전략

1. 학교 생활 관리: 담임교사 추천, 학교장 추천을 받기 위한 기본적인 관리
- 교내 각종 대회 대비 및 창의적 체험활동(www.neis.go.kr) 관리
- 독서 이력 관리: 교육부 독서교육종합지원시스템 운영

2. 흥미 유발과 사고력 향상: 학습에 대한 흥미와 관심을 유발
- 퍼즐 형태의 문제로 흥미와 관심 유발
- 문제를 해결하는 과정에서 집중력과 두뇌 회전력, 사고력 향상

▲ 안쌤의 사고력 수학 퍼즐 시리즈 (총 14종)

3. 교과 선행: 학생의 학습 속도에 맞춰 진행
- '교과 개념 교재 ➡ 심화 교재'의 순서로 진행
- 현행에 머물러 있는 것보다 학생의 학습 속도에 맞는 선행 추천

4. 수학, 과학 과목별 학습
- 수학, 과학의 개념을 이해할 수 있는 문제해결

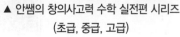

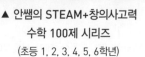

▲ 안쌤의 창의사고력 수학 실전편 시리즈
(초급, 중급, 고급)

▲ 안쌤의 STEAM+창의사고력
과학 100제 시리즈
(초등 1~2, 3~4, 5~6학년)

▲ 안쌤의 STEAM+창의사고력
수학 100제 시리즈
(초등 1, 2, 3, 4, 5, 6학년)

5. 융합 사고력 향상

• 융합 사고력을 향상시킬 수 있는 문제해결

◀ 안쌤의 수 · 과학 융합 특강

6. 지원 가능한 영재교육원 모집 요강 확인

• 지원 가능한 영재교육원 모집 요강을 확인하고 지원 분야와 전형 일정 확인
• 지역마다 학년별 지원 분야가 다를 수 있음

7. 지필평가 대비

• 평가 유형에 맞는 교재 선택과 서술형 답안 작성 연습 필수

▲ 영재성검사 창의적 문제해결력
모의고사 시리즈

(초등 3~4, 5~6, 중등 1~2학년)

▲ SW 정보영재 영재성검사
창의적 문제해결력 모의고사 시리즈

(초등 3~4, 초등 5~중등 1학년)

8. 탐구보고서 대비

• 탐구보고서 제출 영재교육원 대비

◀ 안쌤의 신박한 과학 탐구보고서

9. 면접 기출문제로 연습 필수

• 면접 기출문제와 예상문제에 자신
만의 답변을 글로 정리하고, 말로
표현하는 연습 필수

◀ 안쌤과 함께하는 영재교육원 면접 특강

이 책의 **차례**

영재성검사

SW
정보영재
모의고사

제1회

초등학교   학년   반   번

성명		지원분야	

01 ✓ 일반 창의성

크기가 같은 정사각형 4개가 있고, 이 중에서 1개의 정사각형에는 점이 찍혀 있다. 정사각형 4개를 붙여 만들 수 있는 서로 다른 모양을 모두 그리시오.(단, 점의 위치가 다르면 다른 모양이고, 돌리거나 뒤집었을 때 겹쳐지면 같은 모양으로 본다.)

[7점]

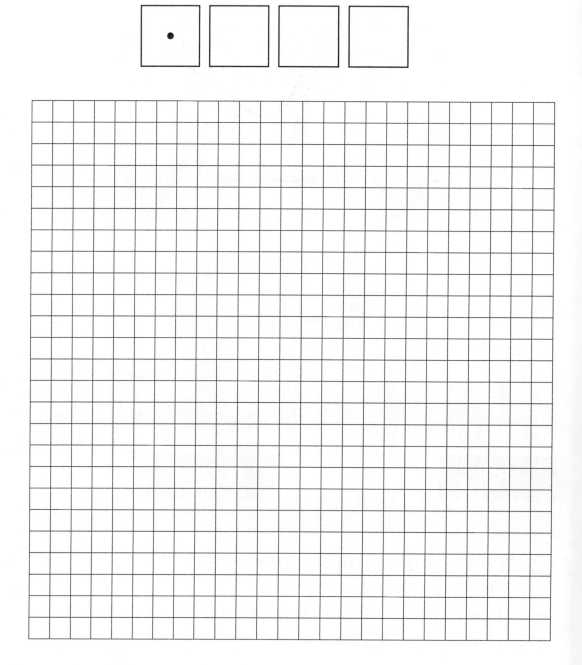

02 ✓ 이산수학–확률과 통계

다음은 LED에 관한 설명이다.

LED(Light Emitting Diode, 발광다이오드)는 반도체에 전기가 흐르면 빛이 나도록 만들어진 조명의 한 종류이다. 기존의 조명에 비해 밝고 고장이 잘 나지 않으며 전력 소모도 적다. 또한, 다양한 빛을 낼 수 있다는 장점이 있어 건물의 조명이나 모니터, TV, 전광판 등 다양한 곳에 사용되고 있다.

LED를 사용하여 신호를 보내려고 한다. 이때 LED의 개수와 순서에 따라 서로 다른 의미의 신호를 만들 수 있다. 아래와 같이 4개의 서로 다른 색 A, B, C, D의 LED가 있을 때, 보낼 수 있는 신호는 모두 몇 가지인지 쓰고, 풀이 과정을 서술하시오.   [7점]

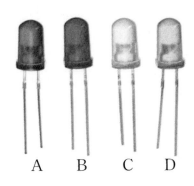

A   B   C   D

03 이산수학–확률과 통계

다음은 대각선이 그어져 있는 작은 정사각형 9개를 붙여 놓은 그림이다. 그림에서 찾을 수 있는 크고 작은 직각삼각형은 모두 몇 개인지 쓰고, 풀이 과정을 서술하시오.

[7점]

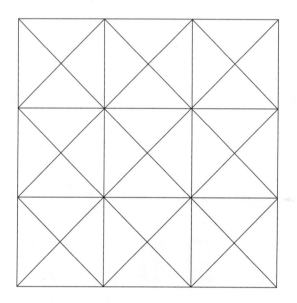

04 이산수학–효율적인 경로와 그래프

다음은 로봇 청소기에 대한 설명이다.

로봇 청소기는 각종 센서가 달려 있어 스스로 청소하는 로봇의 한 종류이다. 2001년 처음 선보인 로봇 청소기는 비싼 가격과 낮은 성능으로 외면을 받았지만, 최근 기술의 발전으로 가격은 저렴해지고 성능은 좋아져서 많은 사람들이 사용하고 있다. 로봇 청소기의 장점은 인간이 신경 쓰지 못하는 곳까지 꼼꼼하게 청소를 하고, 장시간 동안 사용하여 청소할 수 있다는 것이다.

로봇 청소기가 다음 그림과 같은 작은 정사각형 5개로 이루어져 있는 도형의 변을 따라 이동한다. 점 ㉠에서 출발하여 반드시 작은 정사각형의 변 9개를 지나 점 ㉡에 도착하는 방법을 모두 찾아 그리시오.(단, 작은 정사각형의 꼭짓점은 여러 번 지나갈 수 있지만 한 번 지나간 변은 다시 지나갈 수 없다.)　　　　[7점]

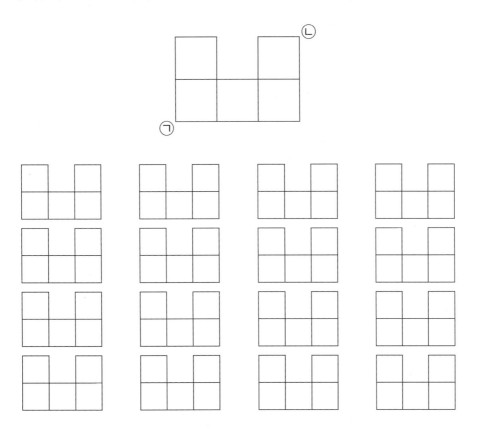

05 이산수학 – 규칙성

성냥개비를 사용하여 다음 그림과 같은 규칙으로 모양을 만들려고 할 때, 10번째 모양에서 사용된 성냥개비는 모두 몇 개인지 구하고, 풀이 과정을 서술하시오.[7점]

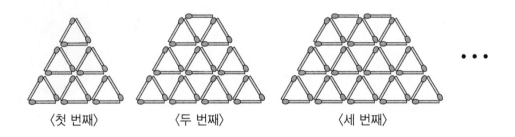

〈첫 번째〉　　　〈두 번째〉　　　　〈세 번째〉

06 ⓒ 이산수학 – 논리

99개의 금화가 있다. 이 중에서 98개는 10g의 진짜 금화이고, 나머지 하나는 10g 보다 가벼운 가짜 금화이다. 여러 개의 금화를 동시에 올려놓을 수 있는 양팔저울을 이용하여 가짜 금화를 찾아내려고 한다. 양팔저울의 사용횟수를 최소로 하여 반드시 가짜 금화를 찾아낼 때, 가능한 최소 사용횟수와 가짜 금화를 찾아내는 방법을 서술하시오. [7점]

07 ✅ 융합 사고력

다음을 읽고 물음에 답하시오.

최근에는 청소 로봇, 애완견 로봇 등 여러 종류의 로봇을 일상생활에 이용하고 있다. 이 로봇 중에는 동물의 생김새와 특징을 이용한 것도 있다.

크래브스트   스트키봇   스마트 버드 로봇

(1) 로봇을 만드는 데 동물의 생김새와 특징을 이용하는 이유는 무엇인지 서술하시오. [3점]

(2) 로봇 공학자가 되어 (1)에서 제시된 것 이외에 동물의 생김새와 특징을 활용한 로봇을 만들려고 한다. 자신이 만들 로봇을 디자인하고 특징이나 장점, 쓰임새를 설명하시오. [5점]

08 ✓ 컴퓨팅 사고력 – 순서도와 알고리즘

석진이는 아침에 일어나면 날씨를 확인하는 습관이 있다. 일기예보를 확인한 후, 아침에 비가 오면 우산과 가방을 가지고 학교에 가고, 비가 오지 않으면 가방과 체육복을 가지고 학교에 간다. 석진이가 날씨에 따라 물건을 준비하는 과정을 순서도로 나타내려고 할 때, 빈칸을 채워 순서도를 완성하시오. [7점]

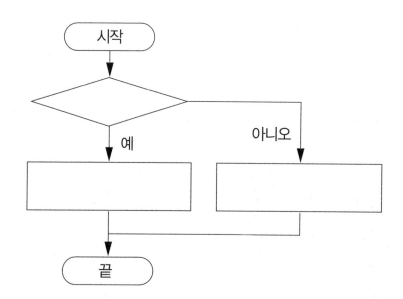

09 ✓ 컴퓨팅 사고력 – 코딩과 프로그래밍

다음은 공이 떨어지는 위치를 알아맞히는 게임에 대한 설명이다.

> ○ 공은 다음 단계로 떨어지기 전까지 처음의 이동 방향으로 계속 굴러간다.
> ○ 공은 반드시 수직으로만 떨어지며, 떨어지면 이동 방향을 반대로 바꾼다.
> ○ 문자가 적힌 터널을 만났을 때, 같은 문자가 적힌 공은 통과할 수 있지만, 다른 문자가 적힌 공은 방향을 바꾸어 굴러간다.

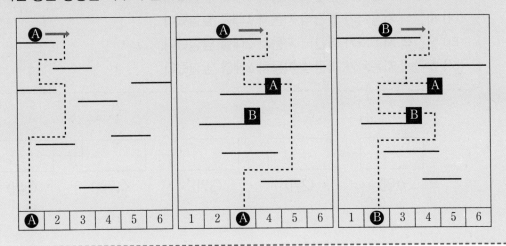

아래 그림과 같은 상황에서 공을 굴렸을 때, A~C가 적힌 공이 이동하는 경로를 각각 그리고, 떨어지는 위치의 번호를 쓰시오.(단, 공은 앞의 공이 마지막 위치로 이동한 후 다음 공이 떨어진다.) [7점]

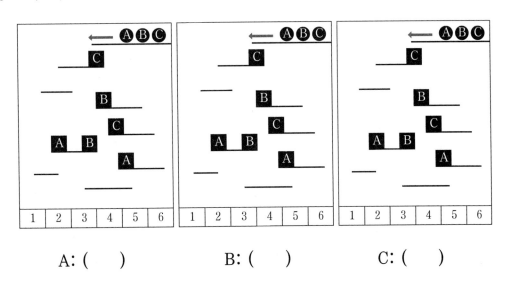

A: (   )   B: (   )   C: (   )

10 ✓ 컴퓨팅 사고력 – 코딩과 프로그래밍

㉠~㉤ 5대의 자동차가 경주를 하고 있다. 5대의 자동차 중 ㉠, ㉢, ㉤은 빨간색이고 ㉡, ㉣은 파란색이다. 처음 5대의 순위는 ㉠-㉡-㉢-㉣-㉤이고, (가)부터 (마)까지 변화가 차례로 일어났을 때, (마) 이후 자동차의 순위를 쓰시오.　　　　[7점]

(가) ㉡이 ㉠을 앞질렀다.
(나) 파란색 자동차가 빨간색 자동차 1대를 앞질렀다.
(다) 파란색 자동차가 빨간색 자동차 1대를 앞질렀다.
(라) 빨간색 자동차가 빨간색 자동차 2대를 앞질렀다.
(마) 빨간색 자동차가 파란색 자동차 2대를 앞질렀다.

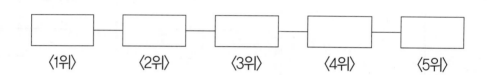

〈1위〉　　　〈2위〉　　　〈3위〉　　　〈4위〉　　　〈5위〉

11 ✓ 컴퓨팅 사고력 – 하드웨어와 소프트웨어

다음은 전자계산기와 노트북컴퓨터의 모습이다. 전자계산기와 노트북컴퓨터의 공통점과 차이점을 각각 2가지 서술하시오. [7점]

• 공통점

• 차이점

12 ⊘ 컴퓨팅 사고력 – 자료와 데이터

1부터 6까지의 숫자가 각각 하나씩 적힌 6장의 숫자 카드가 다음과 같은 순서로 배열되어 있다. 이 숫자 카드 중에서 2장을 선택한 뒤 서로 자리를 바꾸는 과정을 반복하여 작은 수부터 큰 수의 순서대로 배열하려고 한다. 선택하는 두 숫자 카드는 서로 이웃하지 않아도 된다고 할 때, 최소 몇 번 만에 배열이 가능한지 쓰고 풀이 과정을 서술하시오. [7점]

| 4 | 6 | 2 | 1 | 3 | 5 |

13 ⊘ 컴퓨팅 사고력 – 정보보안과 정보윤리

어떤 컴퓨터 암호 프로그램에 '정보'라는 단어를 입력하면 '찾셔'라는 단어가 출력된다. 이 프로그램에 '서울'을 입력하면 어떤 단어가 출력되는지 쓰고, 그 이유를 서술하시오.　　　　　　　　　　　　　　　　　　　　　　　　[7점]

14 ✓ 융합 사고력

※ 다음을 읽고 물음에 답하시오.

드론은 "조종사가 타지 않고 무선전파의 유도에 의해서 비행하는 비행기나 헬리콥터 모양의 비행체"를 뜻한다. '드론(drone)'이란 영어 단어는 원래 벌이 내는 웅웅거리는 소리를 뜻하는데, 작은 항공기가 소리를 내며 날아다니는 모습을 보고 이러한 이름을 붙였다. 드론은 2000년대 초반에 등장했으며, 처음에는 군사용 무인항공기로 개발됐다.

드론의 활용 목적에 따라 다양한 크기와 성능을 가진 비행체들이 개발되고 있는데, 최근 군사용의 대형 드론뿐만 아니라, 초소형 드론도 활발하게 연구 개발되고 있다. 또한, 개인의 취미 활동용으로 개발되어 상품화된 것도 많이 있으며, 정글이나 오지, 화산 지역, 자연재해 지역, 원자력 발전소 사고 지역 등 인간이 접근할 수 없는 지역에 드론을 투입하여 운용하기도 한다. 최근에는 드론을 수송 목적에 활용하는 등 드론의 활용 범위가 점차 넓어지고 있다.

(1) 섬에 살고 있는 사람들에게 신선한 우유를 배송하기 위하여 드론을 사용하려고 한다. 주어진 정보 이외에 고려해야 할 점을 3가지 서술하시오.   [3점]

종류	한 번에 옮길 수 있는 우유의 개수	드론을 1회 사용할 때 드는 비용	드론의 빠르기
드론 1	20개	100원	시속 20 km
드론 2	10개	90원	시속 35 km
드론 3	5개	80원	시속 40 km

(2) 앞의 (1)에서 주어진 자료를 바탕으로 섬으로 우유를 배달하려고 할 때, 가장 적당한 드론은 무엇인지 고르고, 그 이유를 서술하시오.   [5점]

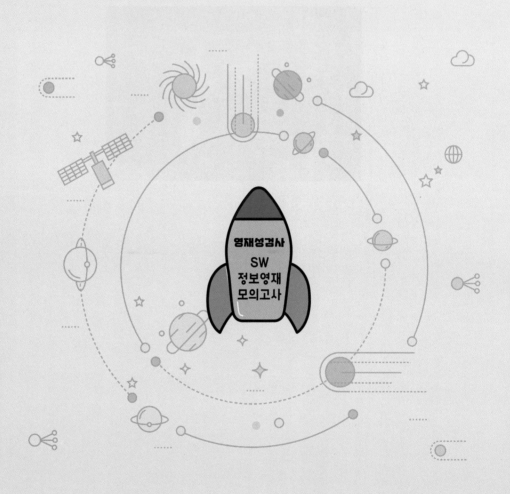

영재성검사

SW
정보영재
모의고사

영재성검사

SW
정보영재
모의고사

제2회

초등학교   학년   반   번

성명   지원분야

- ☑ 시험 시간은 총 90분입니다. 시간을 반드시 지켜주세요.
- ☑ 문제가 1번부터 14번까지 있는지 확인하세요.
- ☑ 문제지에 학교, 학년, 반, 번호, 성명, 지원분야를 쓰세요.
- ☑ 필기구 외에는 계산기 등을 일체 사용할 수 없습니다.

01 ⊘ 일반 창의성

숫자 1, 2와 덧셈기호 +만을 사용하여 만든 식 중에서 계산 결과가 3인 식은 다음과 같다. 이와 같은 방법으로 계산 결과가 7이 되는 식은 모두 몇 가지인지 구하고, 풀이 과정을 서술하시오. [7점]

$$1+1+1=3 \qquad 1+2=3 \qquad 2+1=3$$

02 이산수학–확률과 통계

다음은 경기 방식의 하나인 토너먼트에 대한 설명이다.

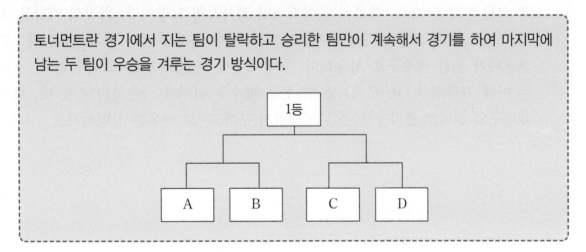

토너먼트란 경기에서 지는 팀이 탈락하고 승리한 팀만이 계속해서 경기를 하여 마지막에 남는 두 팀이 우승을 겨루는 경기 방식이다.

8명이 토너먼트 방식으로 가위바위보 게임을 하여 1등, 2등 및 3등을 결정하고자 한다. 최소 몇 번의 가위바위보 게임을 해야 하는지 구하고, 풀이 과정을 서술하시오.(단, 가위바위보는 2명이 하고, 비기는 경우와 부전승은 생각하지 않는다.)

[7점]

03 ✓ 이산수학–확률과 통계

성원이네 집은 화장실 바닥 공사 중이다. 성원이네 집의 화장실 바닥은 아래의 왼쪽 그림과 같은 가로, 세로의 길이가 4인 정사각형 모양이다. 화장실 바닥을 오른쪽 그림과 같은 모양의 타일로 채우려고 하는데, 화장실 바닥 중 한 칸은 하수도를 연결하기 위한 배수구로 사용해야 하기 때문에 타일로 채울 필요가 없다. 성원이는 아래 그림의 A, B, C, D 중 한 곳을 배수구 위치로 사용하려고 할 때, 화장실 배수구의 위치로 불가능한 곳은 어디인지 구하고, 그 이유를 설명하시오.　　[7점]

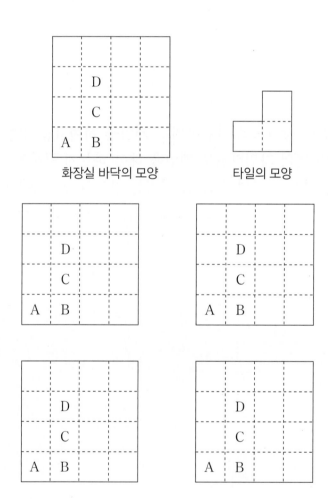

화장실 바닥의 모양　　　　타일의 모양

04 이산수학–효율적인 경로와 그래프

다음 그림과 같은 모양으로 만든 철판이 있다. 이 모양의 철판을 레이저를 이용하여 몇 개의 조각으로 절단하려고 한다. 레이저는 최대 두 번까지 사용할 수 있는데, 한 번은 수평 방향으로 자르고 다른 한 번은 수직 방향으로 잘라야 한다. 최대 몇 개의 철판 조각을 만들 수 있는지 구하고, 그 이유를 서술하시오.(철판은 고정되어 있어서 한 번 자른 후 철판 조각을 이동하거나 겹쳐서 자르는 것은 불가능하다.) [7점]

05 ⊘ 이산수학–규칙성

다음은 어떤 규칙에 따라 수를 나열한 것이다. 1행 2열의 수인 4를 [1, 2]와 같이
나타내기로 할 때, [11, 16]의 값을 구하고, 풀이 과정을 서술하시오.   [7점]

	1열	2열	3열	4열	
1행	1	4	9	16	
2행	2	3	8	15	…
3행	5	6	7	14	
4행	10	11	12	13	

⋮

06 ✓ 이산수학-논리

A, B, C 세 사람이 5개의 ○×문제를 풀었다. ○×문제는 ○ 또는 × 중에서 하나를 답으로 고르는 것으로, 반드시 둘 중 하나가 정답이다. A, B, C 세 사람이 각각 1개, 4개, 2개의 문제를 맞혔을 때, 이 결과를 이용하여 5개의 ○×문제의 정답을 구하고, 풀이 과정을 서술하시오. [7점]

	1번	2번	3번	4번	5번	맞힌 개수
A	×	○	○	×	○	1개
B	○	○	○	○	×	4개
C	○	○	×	○	○	2개

문항번호	1번	2번	3번	4번	5번
정답					

07 ⊘ 융합 사고력

다음을 읽고 물음에 답하시오.

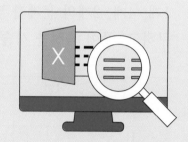

컴퓨터를 이용해 어떤 일을 할 때, 컴퓨터에 저장되어 있는 정보를 사용하거나 저장하는 것을 기본으로 한다. 오늘날 우리가 활용하는 정보는 그 양이 매우 많고, 그 종류 또한 다양하므로 정보를 어떻게 컴퓨터에 저장하고 표현하는지에 따라 효율적인 컴퓨터의 활용이 이루어질 수 있다.

'분류'는 일정한 기준에 따라 같은 성질이나 특징을 가진 것끼리 모아서 나누는 것을 말하는데, '분류' 역시 컴퓨터에 저장된 자료를 효과적으로 저장하고 활용하기 위한 방법 중의 하나이다.

(1) 예성이는 컴퓨터에 입력되는 자료를 분류하기 위해 다음과 같은 알고리즘을 만들었다. 다음 알고리즘의 ㉠단계의 ☐ 안에 24를 입력한 결과는 무엇인지 쓰시오.

[3점]

㉠ 다음 ☐ 안에 수를 입력하세요. ☐	㉡ 입력된 수가 한 자리 수입니다.	→	A
	㉢ 입력된 수가 두 자리 수입니다.	→	B
	㉣ 입력된 수가 세 자리 수입니다.	→	C

(   )

(2) (1)에서 만든 알고리즘의 ㉠단계의 □ 안에 1256을 입력했더니 '에러' 코드가 출력되었다. 그 이유는 무엇인지 쓰고, 1256을 입력하여도 문제없이 작동할 수 있도록 알고리즘을 수정하시오. [5점]

'에러' 코드가 출력된 이유	
㉠~㉣ 중 수정할 단계	
수정할 알고리즘	

08 ✓ 컴퓨팅 사고력-순서도와 알고리즘

수달이는 아파트 12층에 살고 있다. 집에 혼자 있던 어느 날, 타는 냄새를 맡고 창문을 열었더니 13층에서 연기가 나는 것을 확인했다. 이때 수달이가 해야 할 행동 3가지를 순서대로 작성하고, 그렇게 행동해야 하는 이유를 서술하시오.   [7점]

순서	수달이가 해야 할 행동	이유
❶	"불이야."라고 크게 소리친다.	불이 난 사실을 모르는 사람들에게 알리기 위해서이다.
❷		
❸		
❹		
❺	도착한 소방관들에게 다가가 이야기한다.	불이 난 위치, 시간 등과 같은 화재 상황을 정확하게 알려주기 위해서이다.

09 ✅ 컴퓨팅 사고력-코딩과 프로그래밍

다음은 로봇이 두 개의 적외선 센서를 사용해 흰색 바닥 위의 검은 색 선을 따라가는 라인트레이서에 대한 내용이다.

로봇 전원을 켜면 적외선 센서 보드의 발광부에서는 적외선이 방출되는데, 이렇게 방출된 적외선은 바닥면에 닿게 된다. 이때 바닥면이 흰색이면 바닥면에서 적외선이 반사되어 센서 보드의 수신부로 들어오게 되고, 바닥면이 검은색이면 바닥면이 적외선을 모두 흡수하여 센서 보드의 수신부로 들어오는 적외선이 없게 된다. 이러한 원리로 로봇은 바닥면의 흰색과 검은색을 구별하여 검은색 선을 따라가게 된다.

로봇이 선을 이탈하지 않고 잘 따라 갈 수 있도록 아래 〈표〉와 같이 알고리즘을 작성할 때, 양쪽 모터의 적절한 상태를 '정지'와 '직진'이라는 표현을 사용해 빈칸을 채우시오. [7점]

라인트레이서 알고리즘				
왼쪽 센서	오른쪽 센서	왼쪽 모터	오른쪽 모터	로봇의 움직임
흰색	흰색	직진	직진	직진
흰색	검정			
검정	흰색			
검정	검정	정지	정지	정지

10 ✅ 컴퓨팅 사고력-코딩과 프로그래밍

컴퓨터 바둑 프로그램의 기본적인 명령어는 다음과 같다.

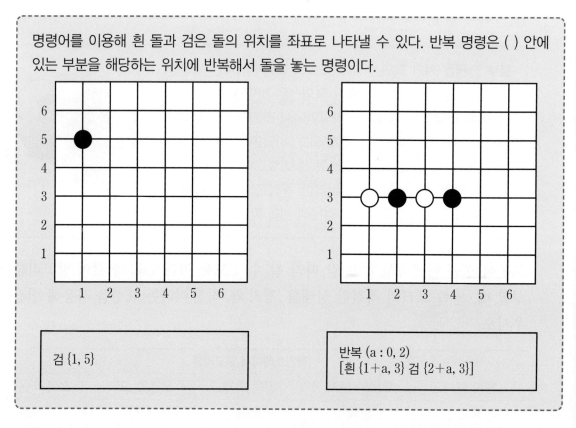

명령어를 이용해 흰 돌과 검은 돌의 위치를 좌표로 나타낼 수 있다. 반복 명령은 ( ) 안에 있는 부분을 해당하는 위치에 반복해서 돌을 놓는 명령이다.

검 {1, 5}

반복 (a : 0, 2)
[흰 {1+a, 3} 검 {2+a, 3}]

다음 그림과 같은 모양으로 바둑돌을 놓기 위한 명령어를 쓰시오.(단, 반복 명령어를 반드시 사용해야 한다.) [7점]

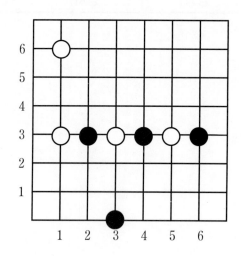

11 ✅ 컴퓨팅 사고력-하드웨어와 소프트웨어

다음은 컴퓨터를 구성하는 부분들과 인간의 신체를 구성하는 부분을 나타낸 것이다. 같은 기능을 가진 것끼리 선으로 연결하고 어떤 기능을 하는지 서술하시오.

[7점]

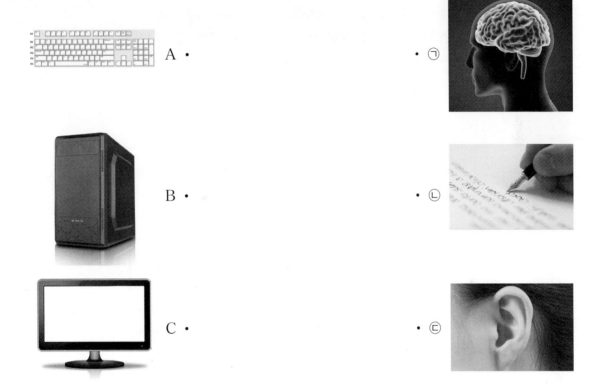

기호	기능

SW 정보영재 모의고사

12 ⊘ 컴퓨팅 사고력–자료와 데이터

다음은 수배열판에 수를 써넣는 [규칙]이다.

> **[규칙]**
> ① 모든 가로줄에 1부터 6까지의 숫자를 겹치지 않게 써넣는다.
> ② 모든 세로줄에 1부터 6까지의 숫자를 겹치지 않게 써넣는다.
> ③ 굵은 선 안의 2×3 사각형 안에 1부터 6까지의 숫자를 겹치지 않게 써넣는다.

[규칙]에 맞게 빈칸에 알맞은 수를 써넣으시오.   [7점]

6		4	5		3
1					2
3					1
5		6	1		4

13 ✅ 컴퓨팅 사고력−정보보안과 정보윤리

다음은 어느 항공사의 생체 인식 기술 도입에 대한 설명이다.

미국의 ○○ 항공사는 올여름부터 ○○○○ 국제공항에 얼굴 인식 기능이 탑재된 승객 확인 컴퓨터 시스템을 설치해 승객을 확인하고 있다. 이때 사용된 개인 정보는 시스템에 저장되지 않고 탑승 후 즉시 삭제하고 있다. 이와 같은 생체 정보를 이용한 기술은 다양한 분야에 확대 적용될 것으로 예상된다.

이와 같이 얼굴 인식 기능을 활용한 기술이 널리 사용될 때 생길 수 있는 장점과 단점을 각각 2가지 서술하시오.　　　　　　　　　　　　　　　　　[7점]

• 장점

• 단점

14 ✅ 융합 사고력

다음을 읽고 물음에 답하시오.

> 컴퓨터는 우리가 일상생활에서 사용하는 0부터 9까지의 숫자를 이용한 십진법이 아닌 0과 1만을 이용하는 이진법을 사용한다. 그 이유는 컴퓨터가 고전압(1)과 저전압(0)만을 구분할 수 있기 때문이다.

(1) 다음 컴퓨터가 사용하는 이진법 조합의 표를 참고하여 A, B, C에 알맞은 값을 구하시오. [3점]

1bit	2bits	3bits	4bits
0	00	000	0000
1	01	001	0001
끝	10	010	0010
	11	⋮	⋮
	끝		

1비트 조합으로 표현 가능한 수의 총 개수	2비트 조합으로 표현 가능한 수의 총 개수	3비트 조합으로 표현 가능한 수의 총 개수	4비트 조합으로 표현 가능한 수의 총 개수
2	A	B	C

(2) 다음은 십진법의 수를 이진법의 수로 나타내는 방법을 설명한 것이다. 십진법의 수 11을 이진법의 수로 나타내면 얼마인지 구하고, 풀이 과정을 서술하시오. [5점]

> 우리는 보통 2개의 양말을 모아 양말 1켤레라고 한다. 어떤 마트에서 양말 2켤레를 묶어 1묶음이라 부르고 2묶음을 담아 1박스라고 한다고 하자.
>
> 양말 2개 → 양말 1켤레, 양말 2켤레 → 양말 1묶음, 양말 2묶음 → 양말 1박스
>
> 이와 같은 방법으로 양말 3개(십진법의 수)를 만들 수 있는 박스와 묶음, 켤레, 개(이진법의 수)로 나타내어 보자. 양말 3개는 1켤레와 1개로 나타낼 수 있으므로 다음과 같이 나타낼 수 있다.
>
> | 켤레 | 개 | 이진법의 수 |
> |---|---|---|
> | 1 | 1 | 11 |
>
> 양말 7개는 양말 3켤레와 양말 1개이다. 이 중 양말 2켤레는 양말 1묶음으로 나타내기로 했으므로 양말 7개는 양말 1묶음, 양말 1켤레, 양말 1개로 나타낼 수 있으므로 다음과 같이 나타낼 수 있다.
>
> | 묶음 | 켤레 | 개 | 이진법의 수 |
> |---|---|---|---|
> | 1 | 1 | 1 | 111 |

풀이 과정

양말 11개는

박스	묶음	켤레	개	이진법의 수

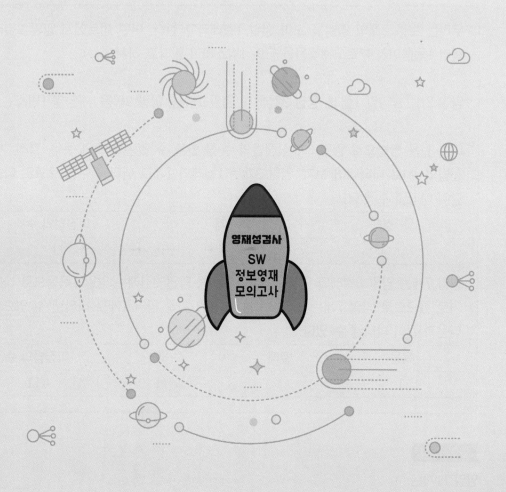

영재성검사
SW
정보영재
모의고사

영재성검사

SW
정보영재
모의고사

제3회

초등학교　　　학년　　　반　　　번

성명　　　　　　　　　　　지원분야

제3회 SW 정보영재 모의고사

01 ✅ 일반 창의성

눈금이 없는 3 L, 5 L, 8 L짜리 물통이 한 개씩 있을 때, 이 물통 중 2종류 이상의 물통을 2회 이상 5회 이하로 사용하여 아래의 모든 물통을 잴 수 있는 가능한 방법을 계산식으로 나타내시오. [7점]

〈예시〉
3 L=3(1회 사용 불가능)
6 L=3+3(1종류 사용 불가능)
1 L=5+5-3-3-3(5회 사용 가능)

4 L=

6 L=

7 L=

9 L=

10 L=

12 L=

14 L=

15 L=

17 L=

18 L=

02 ◈ 이산수학-확률과 통계

희철이는 바구니에 공을 던져 넣는 게임 앱을 만들었다. 한 개의 공을 던져 최대 10점을 얻을 수 있고, A, B, C, D 바구니 중 한 개의 바구니라도 가득 차면 게임이 종료된다. 던지는 공의 개수가 10개라고 할 때, 이 게임에서 받을 수 있는 최고 점수를 구하고, 풀이 과정을 서술하시오.(단, A 바구니는 공 3개, B와 C 바구니는 공 4개, D 바구니는 공 5개가 들어가면 가득 찬다.)　　　　　　　[7점]

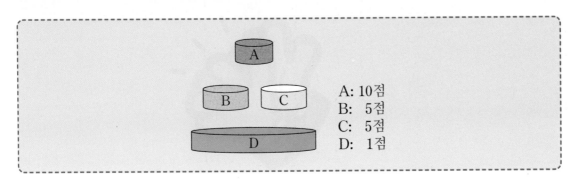

A: 10점
B:　5점
C:　5점
D:　1점

03 ☑ 이산수학-확률과 통계

369 게임은 참가자들이 돌아가며 수를 순서대로 하나씩 말하는 게임으로, 만약 그 수의 각 자릿수 중에 한 번이라도 3, 6, 9 중 하나의 숫자가 사용된다면 말하지 말고 박수를 한 번 쳐야 한다. 201부터 299까지 369 게임이 진행되었다고 할 때, 박수는 모두 몇 번 쳐야하는지 구하고, 풀이 과정을 서술하시오.   [7점]

04 이산수학-효율적인 경로와 그래프

점 A에서 출발한 무인 자동차는 가장 짧은 경로를 계산하여 점 B에 도착해야 한다. 이때 점 C를 반드시 거쳐 가야한다고 할 때, 가능한 방법은 모두 몇 가지인지 구하고, 풀이 과정을 서술하시오. [7점]

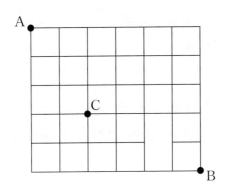

05 ✓ 이산수학–규칙성

3원짜리 동전과 5원짜리 동전이 무수히 많을 때, 이 두 종류의 동전으로 만들 수 있는 금액을 찾아 표로 나타내면 다음과 같다. 이때 만들 수 없는 금액은 1원, 2원, 4원, 7원이다.

(단위: 원)

5원짜리 동전 2개를 사용해 만들 수 있는 금액	1	4	7	10	13	16	⋯
5원짜리 동전 1개를 사용해 만들 수 있는 금액	2	5	8	11	14	17	⋯
3원짜리 동전만 사용해 만들 수 있는 금액	3	6	9	12	15	18	⋯

만약 5원짜리 동전과 6원짜리 동전이 무수히 많을 때, 이 두 종류의 동전으로 만들 수 없는 금액을 모두 구하고, 풀이 과정을 서술하시오.　　　　　[7점]

06 이산수학–논리

A, B, C, D, E가 영화를 보기 위해 함께 영화관에 갔다. 다음과 같은 방법으로 앉았다고 할 때, ㉮~㉯ 중에서 E가 앉은 자리로 가능한 자리를 모두 찾으시오. [7점]

[방법]
❶ A의 양쪽 옆에는 누군가 앉아 있다.
❷ B의 옆에는 아무도 없다.
❸ C는 5명 중 항상 가운데 앉는다.
❹ D는 A의 오른쪽에 앉아 있다.

07 ✓ 융합 사고력

다음을 읽고 물음에 답하여라.

지구 온난화로 인하여 남극의 빙하가 빠르게 녹고 있고, 빙하에서 떨어져 나온 거대한 빙산들이 바다를 떠다니면서 배의 항해에 위협이 되기도 한다. 과학자들은 인공위성으로 거대한 빙산의 크기를 촬영하여 빙산이 모두 녹는 데 걸리는 시간을 예측한다.

어떤 빙산의 크기(칸의 개수)와 두께(칸 안의 수)를 〈그림 1〉과 같이 표시할 때, 빙산은 1년마다 바다와 접해 있는 곳이 녹아서 두께가 1만큼 감소하여 0이 되면 빙산의 크기가 줄어든다. 1년 후 빙산의 크기는 〈그림 2〉와 같이 5가 된다.

〈그림 1〉 → 1년 후 → 〈그림 2〉

(1) 다음 그림과 같은 빙산이 매년 줄어드는 크기와 두께를 빈 그림에 순서대로 나타내고, 빙산이 모두 녹아서 크기가 0이 될 때까지 몇 년이 걸리는지 구하시오.

[3점]

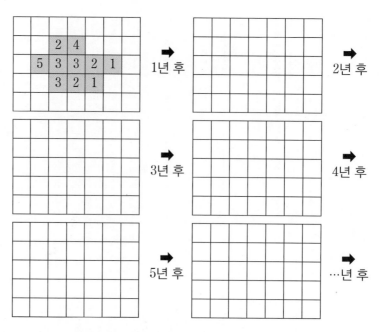

(2) 지구 온난화의 속도가 빨라져서 빙산이 더 빠르게 녹게 되었다. 빙산이 바다와 접하는 면은 상·하·좌·우 4면이 있는데, 바다와 접하는 면의 수만큼 매년 빙산의 높이가 다음 〈그림 1〉에서 〈그림 2〉와 같이 감소한다.

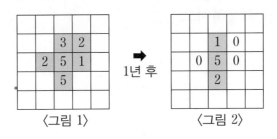

〈그림 1〉　　　　　〈그림 2〉

위와 같이 빙산의 크기와 높이가 감소할 경우 다음 그림과 같은 빙산이 매년 줄어드는 크기와 두께를 빈 그림에 순서대로 나타내고, 빙산이 모두 녹아서 크기가 0이 될 때까지 몇 년이 걸리는지 구하시오. [5점]

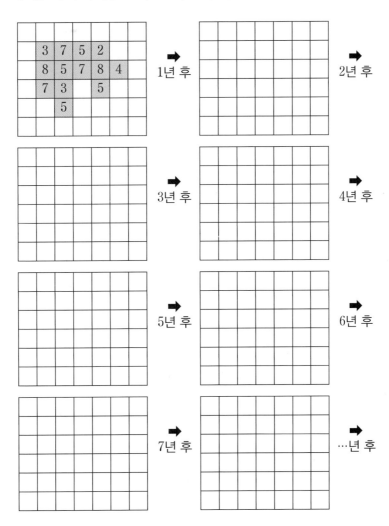

08 ☑ 컴퓨팅 사고력-순서도와 알고리즘

다음의 순서도는 어떤 수가 입력되었을 때 입력된 수의 조건에 따라 결과값이 출력되는 과정을 나타낸 것이다. 순서도에 1을 입력했을 때 출력되는 값은 얼마인지 구하고, 풀이 과정을 서술하시오. [7점]

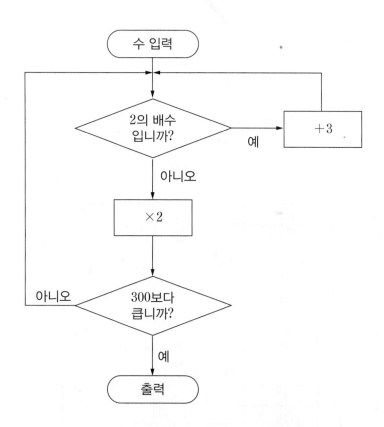

09 ✓ 컴퓨팅 사고력-코딩과 프로그래밍

마우스 로봇은 움직이는 경로를 저장(m)시킨 후, 출발(s)을 하면 저장된 경로대로 움직이는 로봇이다. 출발점에서 목적지까지 가장 빠르게 도착하려면 버튼을 어떻게 눌러야 하는지 빈칸을 채우시오.(단, 출발 지점의 마우스 로봇은 진행 방향을 향해 놓여있다.)　　　　　　　　　　　　　　　　　　　　　　　　[7점]

〈 작동법 〉

m: 동작 저장 버튼으로, m 버튼을 누른 후 경로를 입력한 다음 다시 m을 누르면 경로가 저장된다.

c: 저장된 데이터를 지운다.

F: 로봇이 앞으로 한 칸 이동한다.

L: 제자리에서 왼쪽으로 90도(시계 반대 방향으로 90도) 회전한다.

R: 제자리에서 오른쪽으로 90도(시계 방향으로 90도) 회전한다.

s: '마우스' 로봇이 움직인다.

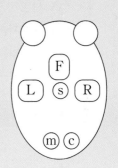

시작	m									m	s	끝

10 ☑ 컴퓨팅 사고력–코딩과 프로그래밍

자동차 경주 대회에서 A, B, C의 자동차가 순서대로 달리고 있다. 앞으로 남은 코스는 순서대로 오르막코스, 직선코스, 회전코스, 직선코스를 지나 결승선에 도착하게 된다. 각각의 자동차가 다음과 같은 특징을 가지고 있다고 할 때, 결승선을 지나는 자동차의 순서를 구하고, 풀이 과정을 서술하시오.　　　　　　[7점]

> • A 자동차는 회전코스에서 두 대를 앞지를 수 있다.
> • B 자동차는 오르막코스에서 한 대를 앞지를 수 있다.
> • C 자동차는 직선코스에서 한 대를 앞지를 수 있다.

	오르막코스	직선코스	회전코스	직선코스	결승선
C A B					

11   컴퓨팅 사고력–하드웨어와 소프트웨어

다음은 데이터 단위에 대한 설명이다.

컴퓨터는 '0'과 '1'만 사용하여 사진, 문서, 동영상 등을 저장하는데 '0'과 '1'이 나타내는 가장 작은 단위가 1bit(비트)이다. 8개의 bit를 묶어서 1Byte(B, 바이트)라 하고, 1KB는 1Byte의 1024배, 1MB는 1KB의 1024배, 1GB는 1MB의 1024배, 1TB는 1GB의 1024배이다. 보통 영화 1편의 용량은 4GB이고, 음악 1곡의 용량은 5MB이다.

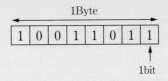

정원이는 1TB 용량의 외장하드를 구입하였다. 4GB 용량의 영화만 저장할 경우와 5MB 용량의 음악만 저장할 경우 각각 몇 편의 영화와 몇 곡의 음악을 저장할 수 있는지 구하고, 풀이 과정을 서술하시오. [7점]

• 영화만 저장할 경우

• 음악만 저장할 경우

12 ⊘ 컴퓨팅 사고력-자료와 데이터

스마트폰 요금제는 자신에게 유리한 요금제를 선택하면 동일한 양을 싼 요금으로 사용할 수 있다. 경훈이는 자신에게 유리한 요금제를 알아보기 위해 지난달 요금을 직접 계산해 보기로 했다. 경훈이가 가입한 요금제의 요금 부과 방식과 지난달 사용량이 다음 표와 같을 때, 경훈이의 지난달 요금은 얼마인지 구하고, 풀이 과정을 서술하시오.(스마트폰 요금은 기본요금과 사용량에 따른 사용요금의 합으로 구한다.)

[7점]

항목	요금
기본요금	24000원
문자요금	기본 무료 제공 100건 101~200건까지는 1건당 30원 201~300건까지는 1건당 20원 301건 이상은 1건당 10원
데이터 요금	기본 무료 제공 3GB 초과되는 1GB당 1500원
통화요금	기본 무료 제공 100분 100분 이후 1분당 30원

〈요금 부과 방식〉

항목	사용량
문자 사용량	350건
데이터 사용량	9GB
통화량	136분

〈경훈이의 지난달 사용량〉

13 ✓ 컴퓨팅 사고력-정보보안과 정보윤리

서현이와 가원이는 문자를 암호코드로 만들거나, 암호코드를 문자로 해독할 수 있는 프로그램을 만들었다. 테스트를 위해 다음과 같이 A, E, I, O, T, S, H, Z의 8개 문자를 0 또는 1의 여섯 개의 숫자로 암호화하였다.

A	E	I	O
000000	001111	010011	011100
T	S	H	Z
100110	101001	110101	111010

암호문 [111010011100011100]을 보내면 111010: Z, 011100: O이므로 ZOO로 해독된다. 이 프로그램은 암호코드를 입력할 때 실수로 1개의 숫자를 잘못 입력하여도 원래 문자가 무엇인지 자동으로 찾아서 해독할 수 있도록 만들어졌고, 2개 이상의 숫자가 잘못 입력되면 '해독 불가'라는 메시지가 출력되도록 만들어졌다. 다음의 암호코드를 입력했을 때 출력되는 문자를 쓰고, 해독이 안 될 경우 '해독 불가'라고 쓰시오. [7점]

(1) 100110001111101001100111

(2) 110110011111010000

(3) 100000001001000001

(4) 101010010100110000

14 ✓ 융합 사고력

다음을 읽고 물음에 답하시오.

정보초등학교에서는 매년 봄 학생회장 선거를 한다. 올해는 컴퓨터반 학생들이 〈전자투표〉 앱을 만들어서 자신의 스마트폰으로 투표를 하면 교실 모니터로 즉시 학생회장과 부회장 당선자를 보여줄 계획이다. 앱 개발이 끝난 후 앱에서 계산한 결과와 직접 계산한 결과가 같게 나오면 앱이 제대로 작동한다는 것이다.

❶ 1순위, 2순위, 3순위까지 최대 3명에게 투표를 할 수 있고, 1명에게만 투표를 할 수도 있다.

❷ 1순위에는 20점, 2순위에는 10점, 3순위에는 5점씩 점수를 주고, 가장 높은 점수를 받은 학생이 학생회장이 되고, 두 번째 높은 점수를 받은 학생이 부회장이 된다.

(1) 후보는 ①에서 ⑤번까지 5명이고, 10명의 학생이 투표를 한다. 그 결과가 다음 표와 같을 때 회장과 부회장은 각각 누구인지 쓰고, 풀이 과정을 서술하시오.

[3점]

	1	2	3	4	5	6	7	8	9	10
1순위	①	②	①	②	③	④	②	⑤	③	④
2순위	②	①	③	③	②	①	④	④	②	⑤
3순위	④	④	⑤	①	⑤	③	⑤	①	⑤	①

(2) 학생회장 선거일 컴퓨터반 학생들은 자신들의 앱이 제대로 작동하는지 떨리는 마음으로 확인을 하고 있었다. 학생들의 투표가 끝나고 모니터에 결과가 출력이 되는데 1번 후보의 점수만 모니터에 표시가 되고, 나머지 학생의 점수는 표시되지 않고 컴퓨터가 꺼져 버렸다. 컴퓨터를 켜서 프로그램을 작동시켰지만 제대로 동작하지 않았고, 일부 데이터만 복구할 수 있었다. 학생회장과 부회장은 각각 누구인지 쓰고, 풀이 과정을 서술하시오. [5점]

	득표 수			후보자별 점수 합계
	1순위	2순위	3순위	
후보 ①	28		14	810점
후보 ②	23	17		
후보 ③	25	35	26	
후보 ④			20	
선택 수	100	95	70	3300점

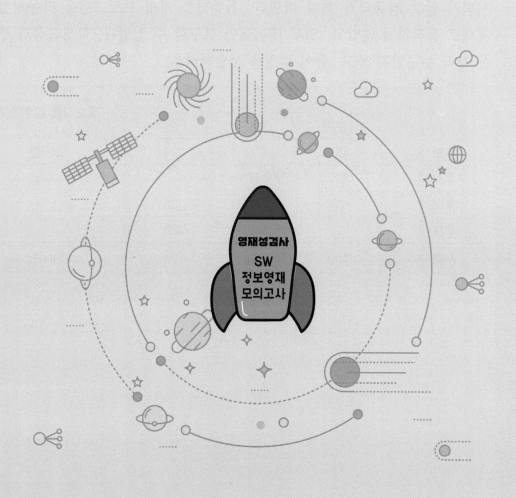

영재성검사 SW 정보영재 모의고사

제4회

초등학교   학년   반   번

성명 [   ]   지원분야 [   ]

- ✓ 시험 시간은 총 90분입니다. 시간을 반드시 지켜주세요.
- ✓ 문제가 1번부터 14번까지 있는지 확인하세요.
- ✓ 문제지에 학교, 학년, 반, 번호, 성명, 지원분야를 쓰세요.
- ✓ 필기구 외에는 계산기 등을 일체 사용할 수 없습니다.

01 ⦿ 일반 창의성

가로 10 cm, 세로 20 cm인 타일을 세로 20 cm, 가로 50 cm인 바닥에 겹치지 않게 빈틈없이 붙일 때, 붙일 수 있는 방법을 모두 그리시오.　　　　　　[7점]

02 ✅ 이산수학–확률과 통계

수아가 디딤돌이 5개가 있는 작은 개울을 건너려고 한다. 수아가 한 번에 1칸 또는 2칸을 뛰어서 건널 수 있을 때, A에서 출발하여 B까지 건널 수 있는 방법을 모두 구하고, 풀이 과정을 서술하시오.　　　　　　　　　　　[7점]

03 ✅ 이산수학-확률과 통계

1 cm에서 9 cm까지의 길이의 막대가 각각 1개씩 있다. 3개의 막대를 사용하여 만들 수 있는 삼각형은 모두 몇 가지인지 구하고, 풀이 과정을 서술하시오.   [7점]

1 cm ▬▬

2 cm ▬▬▬

⋮

9 cm ▬▬▬▬▬▬▬▬▬▬▬▬▬▬

04 ✓ 이산수학–효율적인 경로와 그래프

한붓그리기는 연필을 종이에서 떼지 않고 모든 경로를 한 번만 지나는 경로를 그리는 것이다.

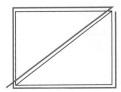

다음 도형에 선분을 추가해 출발점과 도착점이 같은 한붓그리기가 가능한 도형을 만드시오. [7점]

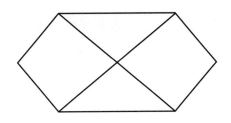

05 ✓ 이산수학–규칙성

다음과 같이 공을 가, 나, 다, 라, 마, 바, 사의 상자에 순서대로 넣는 장치가 있다.

가	나	다	라	마	바	사

다음의 순서로 공을 넣을 때 200번째 공이 들어가는 상자의 기호가 무엇인지 구하고, 풀이 과정을 서술하시오. [7점]

〈공을 넣는 순서〉

가 – 나 – 다 – 라 – 마 – 바 – 사 – 바 – 마 – 라 – 다 – 나 – 가 – 나 – 다 – …

06 ✓ 이산수학–논리

다음과 같이 암호의 자릿수를 입력하고 암호 생성하기 버튼을 누르면 0에서 9까지 서로 다른 숫자로 된 암호가 만들어지는 프로그램을 만들었다.

- 입력한 숫자 중에서 암호에 포함된 숫자가 없으면 모양이 바뀌지 않는다.
- 입력한 숫자 중에서 암호에 포함된 숫자가 있지만 자릿수가 다르면 ◎로 표시된다.
- 입력한 숫자 중에서 암호에 포함된 숫자가 있고, 자릿수도 같으면 ●로 표시된다.

암호	입력한 수	표시
258	193	○ ○ ○
	389	◎ ○ ○
	157	● ○ ○
	728	● ◎ ○

서로 다른 세 자리 수를 4번을 입력한 결과가 다음과 같을 때, 5번째에서 맞춘 암호가 무엇인지 찾고, 풀이 과정을 서술하시오. [7점]

암호	입력한 수	표시
□□□	864	◎ ○ ○
	945	● ◎ ○
	987	○ ○ ○
	541	◎ ◎ ◎

07 ⊘ 융합 사고력

다음은 바코드에 대한 설명이다. 다음 물음에 답하시오.

바코드는 검은색 막대(bar)와 흰색 공백(space)을 조합하여 문자와 숫자 등을 표현함으로써 데이터를 빠르게 입력할 수 있도록 만든 장치이다. 스캐너로 바코드를 읽으면 검은색 막대는 대부분의 빛을 흡수하여 적은 양의 빛을 반사하고, 반대로 흰색 공백은 많은 양의 빛을 반사한다. 이러한 반사율의 차이를 아날로그인 전기 신호로 바꾸고 다시 이를 디지털인 0과 1, 즉 이진법의 수로 나타낸다. 마지막으로 0과 1의 조합에 따라 0에서 9까지의 수를 알아낸다. 바코드 아래의 숫자는 바코드가 가진 정보를 나타내며 바코드가 손상된 경우 숫자를 입력해 정보를 알아낼 수 있다.

(1) 다음은 하윤이가 먹은 음료에 그려진 바코드이다. 바코드를 보고 주어진 표를 완성하시오. [3점]

홀수자리	1	3	5	7	9	11	합계
숫자	8						
짝수자리	2	4	6	8	10	12	합계
숫자	8						
(짝수자리의 숫자의 합계)×3				=			

(2) 다음에서 설명하는 체크숫자를 생성하는 원리를 보고 ☐ 안에 들어갈 알맞은 숫자를 구하고, 풀이 과정을 서술하시오. [5점]

바코드의 숫자는 총 13개로 이루어져 있다. 1~3번째 세 개의 숫자는 제조 국가를 뜻하고 우리나라는 880을 사용한다. 4~7번째 4개의 숫자는 제조업자, 8~12번째 5개의 숫자는 상품의 고유번호를 의미한다. 마지막 한 자리의 숫자는 앞의 바코드가 제대로 읽혔는지 오류를 확인하는 체크숫자이다.

(짝수자리 숫자의 합)×3+(홀수자리 숫자의 합)+체크숫자=10의 배수

8 801376 03900☐

08 ✓ 컴퓨팅 사고력-순서도와 알고리즘

다음은 어떤 동물의 이름을 입력하면 주어진 조건에 따라 A, B, C, D의 4가지로 분류되는 프로그램의 순서도이다. 조건에 맞게 A, B, C, D에 들어갈 수 있는 동물을 각각 3가지씩 쓰시오. [7점]

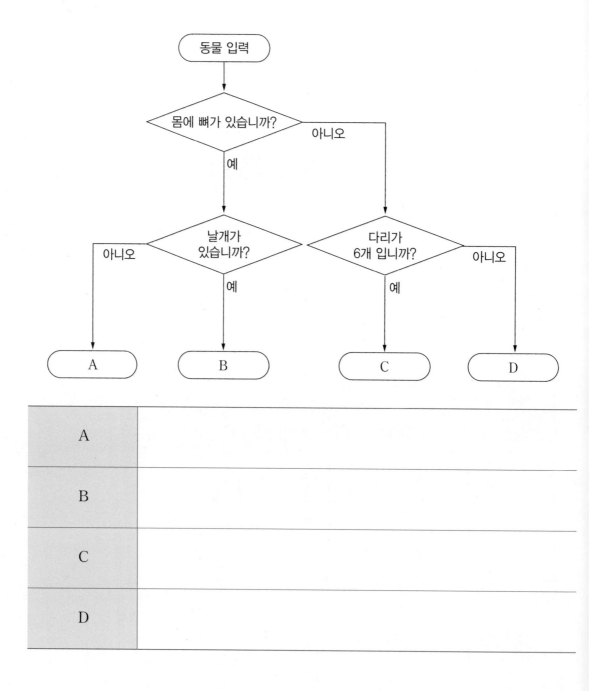

A	
B	
C	
D	

09 ✓ 컴퓨팅 사고력-코딩과 프로그래밍

자동차가 출발점에서 출발하여 가장 빠른 방법으로 도착점에 도착하면 성공하는 게임을 만들었다. 자동차는 출발 방향을 정한 후 전진을 하다가 벽을 만나면 왼쪽 또는 오른쪽 방향으로 회전할 수 있는 명령어만 입력할 수 있고, 다시 벽을 만날 때까지 전진한다.(단, 회전 방향은 자동차의 진행 방향 기준이고, 도착점에 도착할 때 자동차는 멈추어야 한다.)

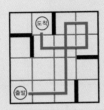

(출발) – (왼쪽) – (오른쪽) – (오른쪽) – (오른쪽) – (오른쪽) – (도착)
위의 그림과 같이 출발한 자동차는 첫 번째 벽에서 왼쪽으로 돌고, 네 번 오른쪽 방향으로 돌면 도착점에 도착할 수 있다.

자동차가 출발점에서 출발하여 가장 빠른 방법으로 도착점에 도착할 수 있는 경로를 표시하고, 알고리즘을 완성하시오. [7점]

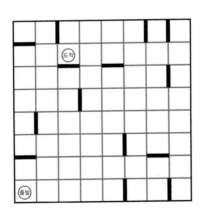

(출발) – (　　) – (　　) – (　　) – (　　) – (　　) – (　　) –
(　　) – (　　) – (　　) – (　　) – (　　) – (　　) – (　　)

10 ✅ 컴퓨팅 사고력-코딩과 프로그래밍

12 L, 7 L, 4 L짜리 물통이 한 개씩 있고, 12 L짜리 물통에만 물이 가득 차 있다. 물통의 물을 옮겨 12 L짜리와 4 L짜리 물통에 물을 각각 $\frac{3}{4}$만 담으려고 한다. 다음 표를 완성하고, 물통의 물을 최소 몇 번 만에 옮겨 담으면 가능한지 서술하시오.

[7점]

| 12 L | 7 L | 4 L |

순서	12 L	7 L	4 L	방법
처음	12 L	0 L	0 L	12 L에 물이 가득 차 있다.
1				
2				
3				
4				
5				
6				

11 ✓ 컴퓨팅 사고력-하드웨어와 소프트웨어

다음과 같은 정사각형 모양의 장치대 위에 A~G까지의 부품을 배치하려고 한다. 각 부품을 최대한 많이 배치할 때, 사용할 수 없는 부품은 무엇인지 쓰고, 배치할 수 있는 방법을 나타내시오.(장치대 위에 부품을 빈틈없이 배치할 수 있으며 부품은 돌려서 배치할 수 있지만 뒤집어서 배치할 수는 없다.) [7점]

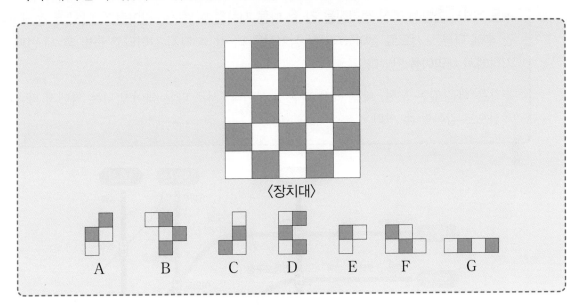

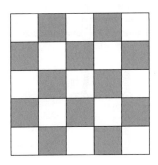

12 ✓ 컴퓨팅 사고력-자료와 데이터

승재는 다음과 같은 방법으로 지하철을 타고 채영이를 만나러 갔다. 표를 완성하여 채영이를 만난 지하철역은 어디인지 구하고, 이동한 경로를 지도에 표시하시오.(승재네 집은 목동역 근처이므로 목동역에서 출발한다.) [7점]

목동역에서 출발해 다섯 정거장을 간 후 다른 지하철 노선으로 갈아탔다. 다시 두 정거장을 간 후에 다른 노선으로 갈아탔다. 한 정거장을 더 간 후 다시 갈아타고 출발 후 세 번째 정거장에서 채영이를 만났다.

※같은 색은 같은 노선, 다른 색은 다른 노선이다. 서로 다른 색이 만나는 역에서 다른 노선으로 갈아탈 수 있다.

순서	행동	지하철역
1	출발	목동
2	다섯 정거장을 간 후 다른 노선으로 갈아탐	
3		
4		
5		

13 ✅ 컴퓨팅 사고력—정보보안과 정보윤리

오늘날 많이 사용되는 잠금장치인 디지털 도어락은 비밀번호를 입력하면 잠금이 해제되는 장치로, 편리하기도 하지만 비밀번호가 유출될 위험이 있어 주기적으로 비밀번호를 바꾸어 주는 것이 좋다.

다음의 인호와 민수의 대화를 보고 인호네 집 비밀번호는 최대 몇 번을 누르면 찾을 수 있을지 쓰고, 풀이 과정을 서술하시오. [7점]

인호: 우리 집은 현관문 비밀번호를 한 달에 한 번씩 변경해.

민수: 그러면 비밀번호를 기억하기 어렵지 않아?

인호: 아니. 우리 집이 ㅇㅇ아파트 124동 1003호인데 동에 있는 숫자 2개로 첫 번째와 두 번째 자리 숫자를 정하고, 호에 있는 숫자 2개로 세 번째와 네 번째 숫자를 정하기 때문에 기억하기 쉬워.

민수: 너희 집 비밀번호 쉽게 찾을 수 있겠는데?

14 ✅ 융합 사고력

오토봇은 검은색 선을 따라가다가 바닥에 3개의 문자 조합의 명령어를 만나면 지정된 동작을 하는 로봇이다. 다음을 읽고 물음에 답하시오.

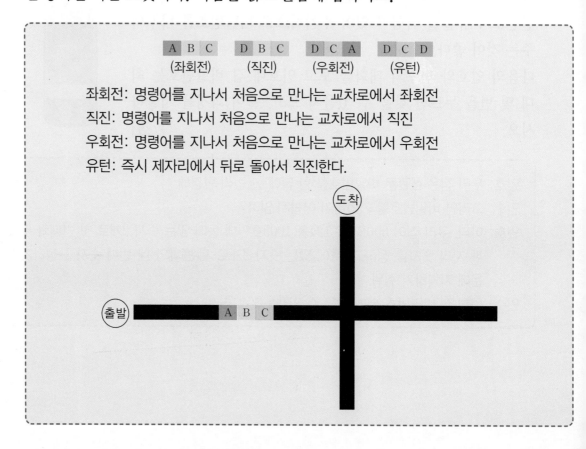

(1) 좌회전과 우회전 명령어를 각 1회씩 반드시 사용하여 목적지에 도착하려고 할 때 명령어를 색칠할 곳을 각각 표시하시오.(단, 다른 명령어는 사용할 수 없고, 명령어가 없는 곳에서는 직진한다.) [3점]

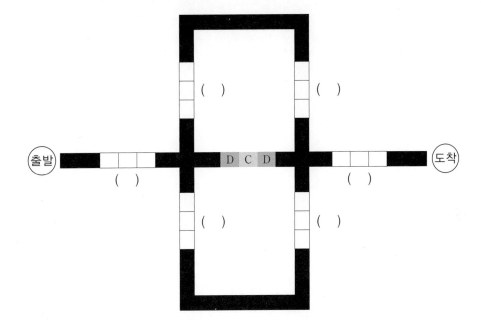

(2) 좌회전, 우회전, 직진, 유턴 명령어를 각각 1번씩만 사용하여 목적지에 정확하게 도착할 수 있도록 표시하시오.(단, 모든 명령어를 사용하여야 하고, 명령어가 없는 곳에서는 직진한다.) [5점]

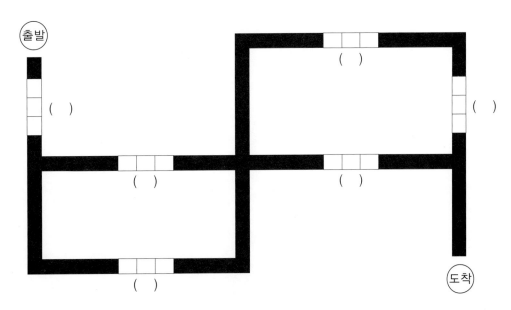

MEMO

Always with you

시대교육이 준비한 특별한 학생을 위한, 최상의 학습 시리즈

① 안쌤의 사고력 수학 퍼즐 시리즈

· 14가지 교구를 활용한 퍼즐 형태의 신개념 학습서
· 집중력, 두뇌 회전력, 수학 사고력 동시 향상

② 안쌤의 STEAM + 창의사고력 수학 100제, 과학 100제 시리즈

· 영재교육원 기출문제
· 창의사고력 실력다지기 100제
· 초등 1~6학년

안쌤과 함께하는 영재교육원 면접 특강 ⑧

· 영재교육원 면접의 이해와 전략
· 각 분야별 면접 문항
· 영재교육 전문가들의 연습문제

스스로 평가하고 준비하는 대학부설·교육청 영재교육원 봉투모의고사 시리즈 ⑦

· 영재교육원 집중 대비·실전 모의고사 3회분
· 면접 가이드 수록
· 초등 3~6학년, 중등

※도서의 이미지와 구성은 변경될 수 있습니다.

안쌤 영재교육연구소 학습 자료실
샘플 강의와 정오표 등 여러 가지
학습 자료를 확인하세요~!

SW 정보영재 영재성 검사

창의적 문제해결력 모의고사

초등 3~4학년

[정답 및 해설]

SD에듀
시대교육(주)

이 책의 차례

✅ 문항 구성 및 채점표

평가 영역 문항	창의성 유창성	이산수학	컴퓨팅 사고력	융합 사고력 문제 파악 능력	문제 해결 능력
1	점				
2		점			
3		점			
4		점			
5		점			
6		점			
7				점	점
8			점		
9			점		
10			점		
11			점		
12			점		
13			점		
14				점	점

평가 영역별 점수	창의성	이산수학	컴퓨팅 사고력	문제 파악 능력	문제 해결 능력
	/ 7점	/ 35점	/ 42점	융합 사고력	
				/ 16점	
			총점		점

✅ 평가결과에 대한 학습 방향

창의성	6점 이상	흔하지 않은 독창적인 아이디어를 찾는 연습을 하세요.
	6점 미만	더욱 다양한 아이디어를 찾는 연습을 하세요.
이산수학	27점 이상	다양한 문제를 접해 실력을 다지세요.
	27점 미만	틀린 문제와 관련된 개념을 확인하고 답안을 작성하는 연습을 하세요.
컴퓨팅 사고력	35점 이상	프로그래밍 언어나 자신의 관심 분야에 더 집중해 보세요.
	35점 미만	틀린 문제를 바탕으로 약한 분야에 대한 내용을 공부하세요.
융합 사고력	13점 이상	다양한 아이디어나 자신의 생각을 답안으로 정리해 보세요.
	13점 미만	문제의 의도나 자료를 꼼꼼하게 살펴보고 답안을 작성하는 연습을 하세요.

01 일반 창의성

평가 영역	일반 창의성
사고 영역	유창성

예시답안

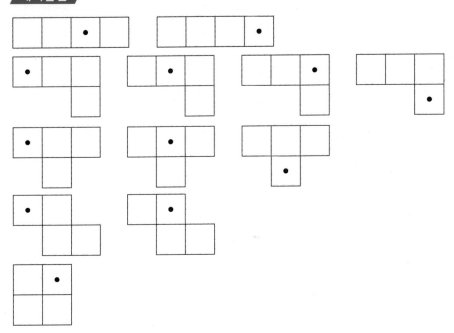

채점기준 총체적 채점

유창성(7점): 적절한 아이디어의 수

⋯ 문제의 조건에 맞는 모양을 그린 경우 1개의 아이디어로 평가한다.

⋯ 적절한 아이디어라고 여겨지는 것의 수를 세어 다음 기준에 따라 점수를 부여한다.

아이디어의 수	점수
1~5개	1점
6~7개	2점
8개	3점
9개	4점
10개	5점
11개	6점
12개	7점

02 이산수학

평가 영역	이산수학
사고 영역	확률과 통계

모범답안

64가지

풀 이

(ⅰ) LED 1개로 만들 수 있는 신호 : A, B, C, D의 4가지

(ⅱ) LED 2개로 만들 수 있는 신호 : A−B, A−C, A−D, B−A, B−C, B−D, C−A, C−B, C−D, D−A, D−B, D−C의 4×3=12(가지)

(ⅲ) LED 3개로 만들 수 있는 신호 :
마찬가지로 B, C, D도 오른쪽 그림과 같은 방법으로 신호를 보낼 수 있으므로
4×3×2=24(가지)

```
A — B — C
        D
    C — B
        D
    D — B
        C
```

(ⅳ) LED 4개로 만들 수 있는 신호 :
마찬가지로 B, C, D도 오른쪽 그림과 같은 방법으로 신호를 보낼 수 있으므로
4×3×2×1=24(가지)

```
A — B — C — D
        D — C
    C — B — D
        D — B
    D — B — C
        C — B
```

(ⅰ)~(ⅳ)에서 보낼 수 있는 신호는 모두 4+12+24+24=64(가지)이다.

채점기준 요소별 채점

이산수학(7점): 확률과 통계

··· LED 1개, 2개, 3개, 4개로 만들 수 있는 신호의 가짓수를 모두 찾는다.

··· 풀이 과정을 식을 활용하거나 나뭇가지 그림 등으로 표현한 경우 추가점수를 부여한다.

채점기준	점수
답을 구하는 과정을 그림이나 식으로 적절히 서술한 경우	4점
답을 바르게 구한 경우	3점

03 이산수학

평가 영역	이산수학
사고 영역	확률과 통계

모범답안

124

풀 이

삼각형 1개로 만들 수 있는 직각삼각형 : ◁ $4 \times 9 = 36$(개)

삼각형 2개로 만들 수 있는 직각삼각형 : ◿ $4 \times 9 = 36$(개)

삼각형 4개로 만들 수 있는 직각삼각형 : ◿ $4 \times 6 = 24$(개)

삼각형 8개로 만들 수 있는 직각삼각형 : ◿ $4 \times 4 = 16$(개)

삼각형 9개로 만들 수 있는 직각삼각형 : △ $2 \times 4 = 8$(개)

삼각형 18개로 만들 수 있는 직각삼각형 : ◺ 4개

따라서 찾을 수 있는 크고 작은 직각삼각형은 모두 $36 + 36 + 24 + 16 + 8 + 4 = 124$(개)이다.

채점기준 요소별 채점

이산수학(7점): 확률과 통계

⋯ 기본 단위가 되는 가장 작은 삼각형의 개수에 따라 경우를 나누어 직각삼각형을 찾은 경우 점수를 부여한다.

채점기준	점수
직각삼각형의 개수를 구하는 방법이나 과정을 적절히 서술한 경우	4점
답을 바르게 구한 경우	3점

04 이산수학

평가 영역	이산수학
사고 영역	효율적인 경로와 그래프

모범답안

• 가로로 3칸, 세로로 2칸을 가는 도중에 작은 사각형을 한 바퀴 도는 경우

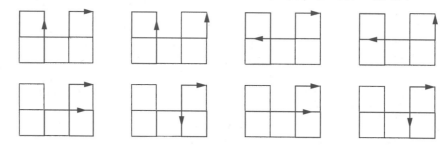

• 작은 사각형을 한 바퀴 돌지 않는 경우

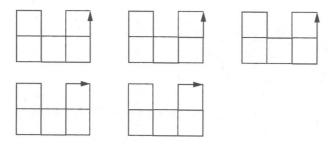

채점기준 총체적 채점

이산수학(7점): 효율적인 경로

⋯⟩ 바르게 찾은 경로의 수를 세어 다음 기준에 따라 점수를 부여한다.

⋯⟩ 모든 경로를 찾기 위해 경로의 방향이나 특징을 기준으로 구분하였는지 평가한다.

올바른 경로의 가짓수	점수
1~5개	1점
6~7개	2점
8~9개	3점
10개	4점
11개	5점
12개	6점
13개	7점

05 이산수학

평가 영역	이산수학
사고 영역	규칙성

모범답안

108개

풀이

각 모양은 모두 3층으로 이루어져 있으며, 바르게 놓인 작은 삼각형 하나를 만드는 데 사용된 성냥개비는 3개이다.

첫 번째 모양을 만드는 데 사용된 성냥개비의 개수는

$0+3×1+3×2+3×3=0+3+6+9=18$(개)

두 번째 모양을 만드는 데 사용된 성냥개비의 개수는

$1+3×2+3×3+3×4=1+6+9+12=28$(개)

세 번째 모양을 만드는 데 사용된 성냥개비의 개수는

$2+3×3+3×4+3×5=2+9+12+15=38$(개)

⋮

이와 같이 성냥개비는 10개씩 증가하는 규칙이 있다.

따라서 10번째 모양을 만드는 데 사용된 성냥개비의 개수는 $18+9×10=108$(개)이다.

채점기준 요소별 채점

이산수학(7점): 규칙성

⋯ 모든 그림을 그려 풀이 과정을 설명하고 답을 구한 경우는 감점한다.(감점 2점)

⋯ 성냥개비의 개수가 증가하는 규칙을 발견한 경우 2점, 규칙을 활용해 바르게 풀이를 서술한 경우에는 2점을 추가해 4점을 부여한다.

채점기준	점수
성냥개비의 개수가 증가하는 규칙을 바르게 찾은 경우	2점
성냥개비의 개수를 구하는 방법이나 과정을 바르게 서술한 경우	2점
답을 바르게 구한 경우	3점

06 이산수학

평가 영역	이산수학
사고 영역	논리

모범답안

5회

풀 이

❶ 99개의 금화를 33개, 33개, 33개의 3묶음으로 나누어 2묶음을 양팔저울의 접시에 각각 1묶음씩 올린다. 양팔저울이 기울어지면 가벼운 묶음에 가짜 금화가 들어있고, 양팔저울이 균형을 이루면 저울에 올리지 않은 남아있는 묶음에 가짜 금화가 들어있다.

❷ 33개의 금화를 11개, 11개, 11개의 3묶음으로 나누어 2묶음을 양팔저울의 접시에 각각 1묶음씩 올린다. 양팔저울이 기울어지면 가벼운 묶음에 가짜 금화가 들어있고, 양팔저울이 균형을 이루면 저울에 올리지 않은 남아있는 묶음에 가짜 금화가 들어있다.

❸ 11개의 금화를 4개, 4개, 3개의 3묶음으로 나누어 4개짜리 2묶음을 양팔저울의 접시에 각각 1묶음씩 올린다. 양팔저울이 기울어지면 가벼운 묶음에 가짜 금화가 들어있고, 양팔저울이 균형을 이루면 저울에 올리지 않은 남아있는 3개의 묶음에 가짜 금화가 들어있다.

❹-(i) 4개짜리 묶음에 가짜가 들어있다면 2개씩 2묶음으로 나누어 양팔저울의 접시에 각각 1묶음씩 올린다. 양팔저울이 기울어지면 가벼운 묶음에 가짜 금화가 들어있다.

❹-(ii) 3개짜리 묶음에 가짜가 들어있다면 금화를 1개씩 양팔저울의 접시에 올려 무게를 비교한다. 무게가 같다면 저울에 올리지 않은 금화가 가짜 금화이다. 이것은 운이 좋은 경우로 문제 조건인 반드시 가짜 금화를 찾아낸다는 조건에 맞지 않으므로 답이 될 수 없다.

❺ 2개의 금화를 양팔저울의 접시에 각각 올려 무게를 비교하여 가짜 금화를 찾아낸다.

채점기준 요소별 채점

이산수학(7점): 논리
…▸ 풀이 과정과 해결 방법이 일치하면 점수를 부여한다.
…▸ 가짜 금화를 반드시 찾아내야 하므로 운이 좋아 ❹-(ii) 4회 만에 찾은 경우는 정답이 될 수 없다.
…▸ 그림으로 설명한 경우, 풀이 과정과 의미가 통하면 점수를 부여한다.

채점기준	점수
반드시 가짜 금화를 찾아내는 방법을 단계별로 바르게 서술한 경우	4점
답을 바르게 구한 경우	3점

07 융합 사고력

평가 영역	융합 사고력
사고 영역	문제 파악 능력, 문제 해결 능력

(1)

예시답안

• 동물이 가진 특별한 장점을 본떠 로봇에 활용할 수 있기 때문이다.

• 동물은 환경에 적응하면서 진화하였으므로 동물의 특징이나 생김새에 따라 로봇을 만들면 동물과 같이 특별한 환경이나 상황에 잘 대처할 수 있다.

채점기준 요소별 채점

문제 파악 능력(3점)

⋯ 생물의 생김새나 특징을 활용한 기술은 생체모방기술이다.

⋯ 각 로봇이 따라한 생물의 특징과 그 특징을 이용하는 이유를 각각 서술한 경우에 예시답안과 달라도 의미가 통하면 점수를 부여한다.

채점기준	점수
로봇이 동물의 생김새나 특징을 이용하는 이유를 적절히 서술한 경우	3점

(2)

예시답안

인간을 모방한 로봇으로, 두 발로 걸을 수 있다. 인공지능과 결합해 인간처럼 작동하는 인공지능 로봇으로 활용할 수 있다.

뱀 모양을 본떠 만든 로봇이다. 몸을 자유자재로 틀거나 굽혀 작은 공간으로 들어가 탐사하거나 사람을 구할 수 있다.

치타를 본떠 만든 로봇으로, 치타처럼 빠르게 달릴 수 있고 장애물을 뛰어넘을 수 있다.

개미의 생김새와 협동하는 생활 모습을 본떠 만든 로봇이다. 네트워크나 무선통신을 활용해 로봇들끼리 협력할 수 있다.

문어의 생김새와 부드러움을 본떠 만든 로봇이다. 부드럽게 물체를 꼭 잡을 수 있어 사람을 구하는 데 사용할 수 있다.

채점기준 요소별 채점

문제 해결 능력(5점)
··· 로봇의 모습, 로봇이 따라한 동물, 로봇의 특징과 장점, 쓰임새가 모두 서술되어야 한다.

채점기준	점수
동물의 생김새나 특징을 반영해 로봇을 디자인한 경우	2점
동물의 생김이나 특징이 로봇의 쓰임새나 목적과 부합할 경우	3점

08 컴퓨팅 사고력

평가 영역	컴퓨팅 사고력
사고 영역	순서도와 알고리즘

모범답안

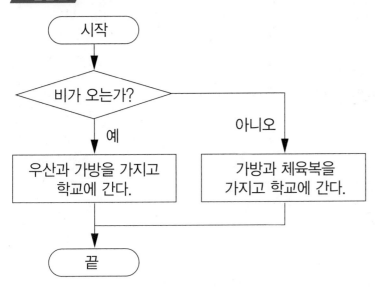

채점기준 요소별 채점

컴퓨팅 사고력(7점): 순서도

⋯▸ 순서도에서 사용되는 각 기호를 다음의 의미에 맞게 사용했는지 평가한다.

⬭ : 시작과 끝을 나타낸다.

◇ : 어떤 것을 선택할 것인지 판단한다. (질문)

▭ : 데이터의 입력이나 계산 등을 처리한다.

채점기준	점수
적절한 질문을 작성한 경우	4점
질문의 결과에 따라 적절한 행동을 작성한 경우	3점

09 컴퓨팅 사고력

평가 영역	컴퓨팅 사고력
사고 영역	코딩과 프로그래밍

모범답안

A : (2)   B : (3)   C : (5)

풀 이

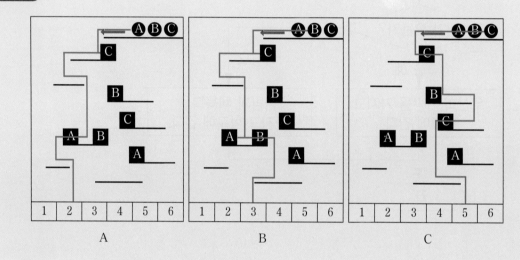

채점기준 요소별 채점

컴퓨팅 사고력(7점): 코딩과 프로그래밍

⋯ 각 공의 이동경로를 주어진 조건에 맞게 그릴 수 있다.

⋯ 이동경로와 경로에 따른 결과가 모두 올바른 경우 1개의 정답으로 평가한다.

⋯ 올바른 경우의 수를 세어 다음 기준에 따라 점수를 부여한다.

채점기준	점수
1개	2점
2개	4점
3개	7점

10 컴퓨팅 사고력

평가 영역	컴퓨팅 사고력
사고 영역	코딩과 프로그래밍

모범답안

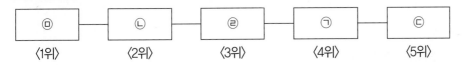

풀이

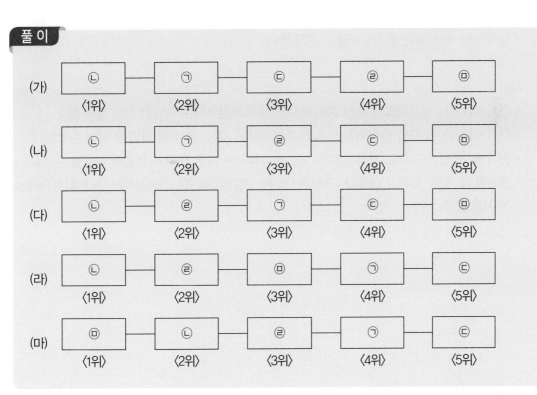

채점기준 요소별 채점

컴퓨팅 사고력(7점): 코딩과 프로그래밍
⋯ 주어진 조건에 맞게 자동차의 위치를 이동하여 올바른 답을 구했는지 평가한다.

채점기준	점수
모든 자동차의 순서를 바르게 찾은 경우	7점

11 컴퓨팅 사고력

평가 영역	컴퓨팅 사고력
사고 영역	하드웨어와 소프트웨어

예시답안

공통점

- 디지털 기계이다.
- 자판을 눌러 입력하는 형식이다.
- 사용하기 위해서는 전기가 필요하다.
- 입력장치, 처리장치, 출력장치를 가지고 있다.

차이점

- 전자계산기는 검은색의 숫자만 출력되지만, 노트북컴퓨터는 다양한 색이 출력된다.
- 전자계산기는 숫자만 출력되지만, 노트북컴퓨터는 사진, 영상 등 다양한 것이 출력된다.
- 전자계산기는 단독으로 사용되지만, 노트북컴퓨터는 다른 장치와 연결해 사용할 수 있다.
- 활용할 수 있는 분야가 다르다. 전자계산기는 단순한 계산만 가능하지만, 노트북컴퓨터는 다양하게 사용할 수 있다.

채점기준 총체적 채점

컴퓨팅 사고력(7점): 하드웨어
⋯ 크기, 무게, 가격과 같은 단순한 차이점보다는 장치의 특성을 이해한 답안에 점수를 부여한다.

아이디어의 수	점수
1개	1점
2개	3점
3개	5점
4개	7점

12 컴퓨팅 사고력

평가 영역	컴퓨팅 사고력
사고 영역	자료와 데이터

모범답안

4번

풀이

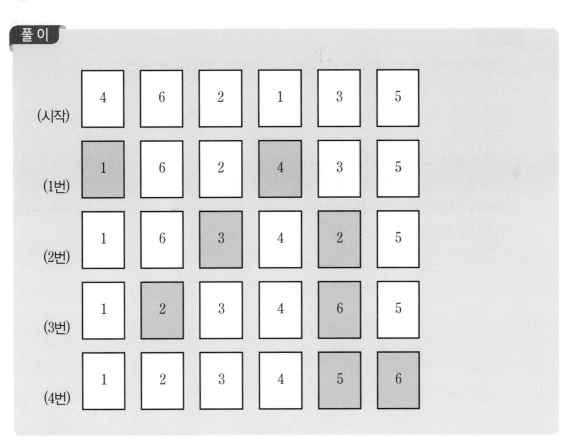

채점기준 요소별 채점

컴퓨팅 사고력(7점): 자료의 배열

⋯ 풀이 과정은 주어진 것 이외에 여러 가지가 나올 수 있다.

⋯ 4번 만에 큰 수의 순서대로 숫자를 배열한 경우 점수를 부여한다.

채점기준	점수
풀이 과정을 바르게 서술한 경우	4점
답을 바르게 구한 경우	3점

13 컴퓨팅 사고력

평가 영역	컴퓨팅 사고력
사고 영역	정보보안과 정보윤리

모범답안

아쫌

이 유

'정보'라는 단어를 입력하였을 때, '찾셔'라는 단어가 출력되므로 ㅈ→ㅊ, ㅓ→ㅏ, ㅇ→ㅈ, ㅂ→ㅅ, ㅗ→ㅕ로 바뀌어 출력된다.

자음 순서: ㄱ, ㄴ, ㄷ, ㄹ, ㅁ, ㅂ, ㅅ, ㅇ, ㅈ, ㅊ, ㅋ, ㅌ, ㅍ, ㅎ

모음 순서: ㅏ, ㅑ, ㅓ, ㅕ, ㅗ, ㅛ, ㅜ, ㅠ, ㅡ, ㅣ

이것을 통해 입력된 자음은 그 다음 순서의 자음이 출력되고, 입력된 첫 번째 모음은 두 번째 앞의 순서의 모음, 두 번째 모음은 바로 앞 순서의 모음으로 출력되는 것을 알 수 있다.

따라서 '서울'이라는 단어를 입력하면 ㅅ→ㅇ, ㅓ→ㅏ, ㅇ→ㅈ, ㅜ→ㅛ, ㄹ→ㅁ으로 바뀌어 출력되므로 출력되는 단어는 '아쫌'이다.

채점기준 요소별 채점

컴퓨팅 사고력(7점): 정보보안

···→ 자음과 모음이 바뀌는 규칙을 구분하여 서술한 경우 점수를 부여한다.

···→ 이와 같은 암호는 카이사르 암호 또는 시저 암호로 불리며 간단한 치환 암호의 일종이다.

채점기준	점수
이유를 바르게 서술한 경우	4점
답을 바르게 구한 경우	3점

14 융합 사고력

평가 영역	융합 사고력
사고 영역	문제 파악 능력, 문제 해결 능력

(1)

예시답안

- 섬과 육지 사이의 거리
- 드론의 비행 가능 시간
- 섬의 사람들의 우유 소비량
- 우유를 배달하는 데 걸리는 시간
- 드론 사용으로 인한 우유의 가격 변화

채점기준 요소별 채점

문제 파악 능력(3점)

⋯ 우유 배송을 위한 드론을 선택하기 위해 고려해야 할 점을 다양하게 찾아본다.

⋯ 주어진 답안 이외에도 고려할 점으로 적절하고, (2)에서 드론을 선택할 때 고려한 기준이라면 적절한 아이디어로 평가한다.

⋯ 적절한 아이디어라고 여겨지는 것의 수를 세어 다음 기준에 따라 점수를 부여한다.

아이디어의 수	점수
1개	1점
2개	2점
3개	3점

(2)

> 예시답안

우유 1개를 옮기는 데 드는 비용

- 드론 1: $100 \div 20 = 5$(원)
- 드론 2: $90 \div 9 = 10$(원)
- 드론 3: $80 \div 5 = 16$(원)

① 드론 1

우유는 당장 먹지 않는다고 위험해지는 음식이 아니기 때문에 배송하는 데 시간이 더 많이 걸린다 하더라도 옮기는 데 드는 비용이 적게 드는 드론 1이 적당하다고 생각한다.

② 드론 2

비교적 빠르게 이동할 수 있으며, 한 번에 배송할 수 있는 우유의 양도 알맞은 드론 2가 적당하다고 생각한다.

③ 드론 3

옮길 수 있는 우유의 개수와 비용은 다른 드론에 비해 비싸지만 필요할 때 빠르게 우유를 배송할 수 있고 배송하는 동안 우유의 온도 변화를 최소화할 수 있으므로 가장 신선한 우유를 배달할 수 있다. 그래서 드론 3이 가장 적당하다.

> 채점기준　요소별 채점

문제 해결 능력(5점)
- 3개의 드론 중 하나를 선택한 경우 점수를 부여한다.
- 드론을 선택하고 드론을 선택한 이유가 타당한 경우 점수를 부여한다.

채점기준	점수
드론을 선택한 경우	1점
드론을 선택한 이유가 타당한 경우	4점

SW 정보영재 평가가이드

제2회

문항 구성 및 채점표

문항 \ 평가 영역	창의성 유창성	이산수학	컴퓨팅 사고력	융합 사고력 문제 파악 능력	문제 해결 능력
1	점				
2		점			
3		점			
4		점			
5		점			
6		점			
7				점	점
8			점		
9			점		
10			점		
11			점		
12			점		
13			점		
14				점	점

평가 영역별 점수	창의성	이산수학	컴퓨팅 사고력	문제 파악 능력	문제 해결 능력
	/ 7점	/ 35점	/ 42점	융합 사고력	
				/ 16점	
			총점	점	

평가결과에 대한 학습 방향

창의성	6점 이상	흔하지 않은 독창적인 아이디어를 찾는 연습을 하세요.
	6점 미만	더욱 다양한 아이디어를 찾는 연습을 하세요.

이산수학	27점 이상	다양한 문제를 접해 실력을 다지세요.
	27점 미만	틀린 문제와 관련된 개념을 확인하고 답안을 작성하는 연습을 하세요.

컴퓨팅 사고력	35점 이상	프로그래밍 언어나 자신의 관심 분야에 더 집중해 보세요.
	35점 미만	틀린 문제를 바탕으로 약한 분야에 대한 내용을 공부하세요.

융합 사고력	13점 이상	다양한 아이디어나 자신의 생각을 답안으로 정리해 보세요.
	13점 미만	문제의 의도나 자료를 꼼꼼하게 살펴보고 답안을 작성하는 연습을 하세요.

01 일반 창의성

평가 영역	일반 창의성
사고 영역	유창성

모범답안

21가지

풀 이

(ⅰ) 숫자 1만 사용해 식을 만든 경우

   ① 1+1+1+1+1+1+1=7의 1가지

(ⅱ) 숫자 1 5개와 숫자 2 1개를 사용해 식을 만든 경우

   ① 2+1+1+1+1+1=7 ② 1+2+1+1+1+1=7 ③ 1+1+2+1+1+1=7

   ④ 1+1+1+2+1+1=7 ⑤ 1+1+1+1+2+1=7 ⑥ 1+1+1+1+1+2=7의 6가지

(ⅲ) 숫자 1 3개와 숫자 2 2개를 사용해 식을 만든 경우

   ① 2+2+1+1+1=7 ② 2+1+2+1+1=7 ③ 2+1+1+2+1=7

   ④ 2+1+1+1+2=7 ⑤ 1+2+2+1+1=7 ⑥ 1+2+1+2+1=7

   ⑦ 1+2+1+1+2=7 ⑧ 1+1+2+2+1=7 ⑨ 1+1+2+1+2=7

   ⑩ 1+1+1+2+2=7의 10가지

(ⅳ) 숫자 1 1개와 숫자 2 3개를 사용해 식을 만든 경우

   ① 2+2+2+1=7 ② 2+2+1+2=7 ③ 2+1+2+2=7 ④ 1+2+2+2=7의 4가지

(ⅰ)~(ⅳ)에서 계산 결과가 7이 되는 식은 모두 1+6+10+4=21(가지)이다.

채점기준 총체적 채점

유창성(7점): 적절한 아이디어의 수

⋯ 적절한 아이디어라고 여겨지는 것의 수를 세어 다음 기준에 따라 점수를 부여한다.

올바른 경로의 가짓수	점수
12~13개	2점
14~15개	3점
16~17개	4점
18~19개	5점
20개	6점
21개	7점

02 이산수학

평가 영역	이산수학
사고 영역	확률과 통계

8번

풀이

토너먼트 방식을 통해 1등과 2등을 정하는 방법은 다음과 같다.

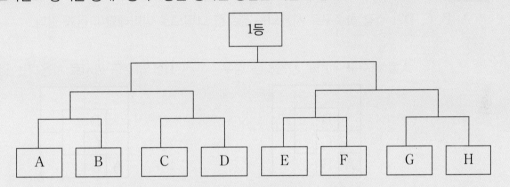

위와 같이 7번의 가위바위보 게임으로 1등과 2등을 정할 수 있다.

처음 4번의 게임에서 승리한 4명 중 2명은 1등과 2등이 되므로 나머지 2명이 대결하여 3등을 정한다.

즉 (처음 4게임)＋(이긴 팀 2게임)＋(결승전)＋(3, 4등 결정전)＝4＋2＋1＋1＝8(번)이다.

따라서 1등, 2등, 3등을 정하는 데 최소 8번의 가위바위보 게임을 해야 한다.

채점기준　요소별 채점

이산수학(7점): 확률과 통계

⋯ □개의 팀이 토너먼트 방식을 통해 우승자를 가리는 데 필요한 경기 수는 (□−1)경기로 구할 수 있다. 이와 같은 풀이도 적절한 풀이로 간주한다.

⋯ 3등까지 순위를 정하는 것이 문제의 조건이므로 3등을 정하기 위한 경기 수가 추가되어야 점수를 부여한다.

채점기준	점수
답을 구하는 과정을 그림이나 식으로 적절히 서술한 경우	4점
답을 바르게 구한 경우	3점

03 이산수학

평가 영역	이산수학
사고 영역	확률과 통계

모범답안

불가능한 곳은 없다.

A, B, C, D 모두 가능하다.

이유

A, B, C, D가 각각 하수구로 사용되는 경우를 그림으로 나타내면 다음과 같다.

A를 하수구 위치로 사용하는 경우

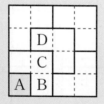

B를 하수구 위치로 사용하는 경우

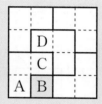

C를 하수구 위치로 사용하는 경우

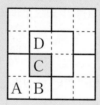

D를 하수구 위치로 사용하는 경우

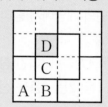

채점기준　총체적 채점

이산수학(7점): 확률과 통계

···▶ A, B, C, D가 각각 하수구로 사용되는 경우를 그림으로 바르게 나타낸 경우 점수를 부여한다.

채점기준	점수
가능한 경우를 1가지 그린 경우	1점
가능한 경우를 2가지 그린 경우	2점
가능한 경우를 3가지 그린 경우	4점
가능한 경우를 4가지 그린 경우	6점
답을 바르게 구한 경우	7점

04 이산수학

평가 영역	이산수학
사고 영역	효율적인 경로와 그래프

모범답안

9개

이유

잘린 철판 조각의 개수가 최대가 되려면 레이저를 한 번 사용할 때 잘려지는 철판 조각의 개수가 최대가 되도록 해야 한다. 이를 그림으로 나타내면 다음 그림과 같다.

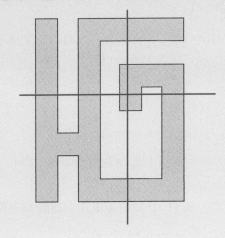

채점기준 요소별 채점

이산수학(7점): 효율적인 경로

⋯ 나누어지는 조각의 개수가 최대가 되기 위해서 레이저를 한 번 사용할 때 잘려지는 철판 조각의 개수가 최대가 되도록 잘랐는지 평가한다.

⋯ 자르는 선의 위치는 풀이와 다를 수 있지만 철판 조각의 최대 개수가 9개가 되도록 자른 경우 점수를 부여한다.

채점기준	점수
철판을 자르는 방법을 적절히 서술한 경우	4점
답을 바르게 구한 경우	3점

05 이산수학

평가 영역	이산수학
사고 영역	규칙성

모범답안

246

풀이 1

$[1, 1] = 1 \times 1 - 0 = 1$, $[2, 2] = 2 \times 2 - 1 = 3$, $[3, 3] = 3 \times 3 - 2 = 7$, $[4, 4] = 4 \times 4 - 3 = 13$, ⋯

이므로 나열된 수들에서 다음과 같은 규칙을 찾을 수 있다.

$[\square, \square] = \square \times \square - (\square - 1)$

$[16, 16] = 16 \times 16 - 15 = 241$, 즉 $[16, 16] = 241$이고 위로 올라갈수록 1씩 커지므로

$[11, 16] = 241 + 5 = 246$

풀이 2

$[1, 1] = 1 \times 1 = 1$, $[1, 2] = 2 \times 2 = 4$, $[1, 3] = 3 \times 3 = 9$, $[1, 4] = 4 \times 4 = 16$, ⋯

이므로 나열된 수들에서 다음과 같은 규칙을 찾을 수 있다.

$[1, \square] = \square \times \square$

$[1, 16] = 16 \times 16 = 256$, 즉 $[1, 16] = 256$이고 아래로 내려갈수록 1씩 작아지므로

$[11, 16] = 256 - 10 = 246$

채점기준　요소별 채점

이산수학(7점): 규칙성

⋯ 모든 수의 배열을 써서 답을 구한 경우나 풀이가 없는 경우에는 점수를 부여하지 않는다.

⋯ 풀이에서 활용한 $[\square, \square]$ 또는 $[1, \square]$ 의 값이 아닌 다른 값인 $[\square, 1]$ 등의 배열 규칙을 활용한 경우도 설명한 규칙이 적절하면 점수를 부여한다.

채점기준	점수
나열된 수에서 수들의 배열에 관한 규칙을 찾아낸 경우	4점
규칙을 활용해 답을 바르게 구한 경우	3점

06 이산수학

평가 영역	이산수학
사고 영역	논리

문항번호	1번	2번	3번	4번	5번
정답	○	×	○	○	×

풀 이

가장 많은 문제를 맞힌 B의 정답을 기준으로 문제를 해결한다.

(ⅰ) B가 1번 문제를 틀렸다고 가정하면 1번 문제의 정답은 ×이다. 이때, A가 문제를 맞힌 개수는 3개, C가 문제를 맞힌 개수는 2개로 문제의 조건에 맞지 않는다.

(ⅱ) B가 2번 문제를 틀렸다고 가정하면 2번 문제의 정답은 ×이다. 이때, A가 문제를 맞힌 개수는 1개, C가 문제를 맞힌 개수는 2개로 문제의 조건에 알맞다.

이와 같이 B가 3, 4, 5번 문제를 틀렸다고 가정한 경우 나머지 조건과 맞지 않으므로 B는 2번 문제를 틀렸고 문제의 정답은 모범답안과 같다.

채점기준 요소별 채점

이산수학(7점): 논리

⋯ 가장 많은 문제를 맞힌 B의 결과를 바탕으로 정답을 찾은 경우와 B와 C의 답안지 결과를 비교하여 정답을 찾은 경우 모두 올바른 풀이로 평가하고 점수를 부여한다.

채점기준	점수
문제의 정답을 찾기 위한 풀이 과정을 바르게 서술한 경우	4점
답을 바르게 구한 경우	3점

07 융합 사고력

평가 영역	융합 사고력
사고 영역	문제 파악 능력, 문제 해결 능력

(1)

모범답안

B

풀이

다음 알고리즘의 ㉠단계의 □ 안에 24를 입력하면 24는 두 자리 수이므로 B가 출력된다.

㉠ 다음 □ 안에 수를 입력하세요. ⬚	㉡ 입력된 수가 한 자리 수입니다.	→	A
	㉢ 입력된 수가 두 자리 수입니다.	→	B
	㉣ 입력된 수가 세 자리 수입니다.	→	C

채점기준 요소별 채점

문제 파악 능력(3점)
⋯ 입력한 수가 두 자리 수이므로 B가 출력된다고 구한 경우만 점수를 부여한다.

채점기준	점수
B를 구한 경우	3점

(2)

예시답안

'에러' 코드가 출력된 이유	알고리즘은 한 자리 수, 두 자리 수, 세 자리 수만 분류할 수 있도록 정의되어 있다. 1256은 네 자리 수이므로 (1)의 알고리즘으로는 분류할 수 없다.	
㉠～㉣ 중 수정할 단계	㉠	㉣
수정할 알고리즘	다음 □ 안에 수를 입력하세요.(단, 1～999 사이의 수를 입력해야 합니다.)	입력된 수가 세 자리 수 이상입니다.

풀이

'에러' 코드가 출력된 이유는 알고리즘에서 분류할 수 없는 네 자리 수가 입력되었기 때문이다. 1256을 입력해도 문제가 없도록 만드는 방법은 네 자리 수 이상의 수를 입력하지 못하도록 하거나 네 자리 수 이상의 수도 분류할 수 있도록 기준을 수정해 주는 것이다.

채점기준 요소별 채점

문제 해결 능력(5점)
···▶ '에러' 코드가 출력된 이유를 바르게 서술한 경우 점수를 부여한다.
···▶ 알고리즘을 수정하는 방법은 예시답안의 2가지 방법 중 1가지 방법을 서술한 경우 점수를 부여한다.

채점기준	점수
'에러' 코드가 출력된 이유를 바르게 서술한 경우	2점
알고리즘을 적절히 수정한 경우	3점

08 컴퓨팅 사고력

평가 영역	컴퓨팅 사고력
사고 영역	순서도와 알고리즘

예시답안

순서	수달이가 해야 할 행동	그렇게 행동해야 하는 이유
❶	"불이야."라고 크게 소리친다.	불이 난 사실을 모르는 사람들에게 알리기 위해서이다.
❷~❹	119에 신고한다.	불을 끄고, 다친 사람이 있을 경우 병원으로 데리고 가기 위해서이다.
	가스를 잠근다.	더 큰 불이 나거나 폭발하지 않게 하기 위해서이다.
	계단을 이용해 밖으로 나간다.	엘리베이터를 기다리는 시간을 줄이고 연기로 인한 피해를 막기 위해서이다.
	창문을 닫는다.	연기나 불을 끌 때 뿌리는 물이 집안으로 들어오는 것을 막기 위해서이다.
	전기를 차단한다.	전기로 인한 화재를 막기 위해서이다.
	옆집의 문을 두드린다.	상황을 알지 못하고 남아 있는 사람이 있는지 확인하기 위해서이다.
❺	도착한 소방관들에게 다가가 이야기한다.	불이 난 위치, 시간 등과 같은 화재 상황을 정확하게 알려주기 위해서이다.

채점기준 총체적 채점

컴퓨팅 사고력(7점): 알고리즘
⋯ 불이 났을 때 할 수 있는 행동과 그 이유가 적절하면 점수를 부여한다.
⋯ 실현 불가능하거나 위험한 행동에는 점수를 부여하지 않는다.

채점기준	점수
1가지 행동과 이유가 적절한 경우	2점
2가지 행동과 이유가 적절한 경우	4점
3가지 행동과 이유가 적절한 경우	7점

09 컴퓨팅 사고력

평가 영역	컴퓨팅 사고력
사고 영역	코딩과 프로그래밍

모범답안

라인트레이서 알고리즘				
왼쪽 센서	오른쪽 센서	왼쪽 모터	오른쪽 모터	로봇의 움직임
흰색	흰색	직진	직진	직진
흰색	검정	직진	정지	오른쪽으로 회전
검정	흰색	정지	직진	왼쪽으로 회전
검정	검정	정지	정지	정지

해설

흰색을 만나 적외선이 반사되어 센서 보드의 수신부에 적외선이 감지되면 모터가 작동하는 것을 기본으로 한 로봇이다. 이때 두 개의 바퀴 중 한 개의 바퀴만 작동하는 경우 반대 방향으로 회전하게 된다.

오른쪽
정지

오른쪽
회전

왼쪽
직진

채점기준 요소별 채점

컴퓨팅 사고력(7점): 코딩과 프로그래밍
⋯ 모터의 움직임과 로봇의 움직임을 나누어 평가한다.

채점기준	점수
모터의 움직임을 모두 바르게 서술한 경우	3점
로봇의 움직임을 모두 바르게 서술한 경우	4점

10 컴퓨팅 사고력

평가 영역	컴퓨팅 사고력
사고 영역	코딩과 프로그래밍

모범답안

흰 {1, 6}, 검 {3, 0}

반복 (a : 0, 2, 4)

[흰 {1+a, 3} 검 {2+a, 3}]

해설

하나의 바둑돌을 놓는 위치를 정하는 명령어는 '색 {가로선, 세로선}'이다. 즉 검 {1, 5}는 검은색 바둑돌을 가로 첫 번째 선과 세로 다섯 번째 선이 만나는 곳에 놓으라는 의미이다.

따라서 주어진 위쪽 흰색 돌과 아래쪽 검은색 돌을 놓는 명령어는 각각 흰 {1, 6}, 검 {3, 0}이다.

반복 명령어에서 반복 (a : 0, 2)는 a의 값이 0과 2로 반복된다는 것이고, 이어지는 [　] 안의 a의 값에 0과 2를 순서대로 넣어 나오는 결과로 바둑돌의 위치를 정하는 것이다.

따라서 주어진 모양에서 반복되는 바둑돌은 각각 3개씩이므로 반복 명령어에 들어갈 수는 3개이다.

반복 (a : 0, 2, 4) 이고

[흰 {1+a, 3} 검 {2+a, 3}]의 a에 0, 2, 4를 순서대로 넣어 계산하면

흰 {1, 3} 검 {2, 3}

흰 {3, 3} 검 {4, 3}

흰 {5, 3} 검 {6, 3}

이 되어 그림의 바둑돌 위치를 정할 수 있다.

채점기준 요소별 채점

컴퓨팅 사고력(7점): 코딩과 프로그래밍

⋯⟶ 주어진 그림과 명령어를 보고 명령어에 따른 바둑돌의 위치를 정하는 규칙을 찾을 수 있는지 평가한다.

⋯⟶ 반복 명령어를 사용하지 않은 경우 감점한다:

채점기준	점수
반복 명령어를 사용하지 않는 2개의 바둑돌의 위치를 바르게 표현한 경우	2점
반복 명령어를 사용해 6개의 바둑돌의 위치를 바르게 표현한 경우	5점

11 컴퓨팅 사고력

평가 영역	컴퓨팅 사고력
사고 영역	하드웨어와 소프트웨어

모범답안

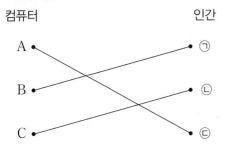

기호	기능
A와 ⓒ	• 외부의 정보나 상황을 컴퓨터나 뇌로 입력하는 기능
B와 ㉠	• 어떻게 작동하거나 움직일지 제어하는 기능 • 입력된 정보를 처리하고 어떤 내용을 출력할지 결정하는 기능
C와 ⓒ	• 처리된 결과나 생각한 내용을 외부로 출력하는 기능

채점기준 총체적 채점

컴퓨팅 사고력(7점): 하드웨어
⋯ 인간과 컴퓨터를 비교해 입력, 제어(처리, 연산), 출력 기능으로 나누었는지 평가한다.
⋯ 컴퓨터 본체와 인간 두뇌의 기능으로 연산, 처리, 제어와 관련된 내용 중 하나가 표현되었거나 그 의미가 통하도록 서술한 경우 점수를 부여한다.
⋯ 기호와 기능을 모두 바르게 작성한 경우만 1개의 답안으로 본다.

채점기준	점수
기호와 기능을 1가지 바르게 작성한 경우	1점
기호와 기능을 2가지 바르게 작성한 경우	3점
모든 기호와 기능을 바르게 작성한 경우	7점

12 컴퓨팅 사고력

평가 영역	컴퓨팅 사고력
사고 영역	자료와 데이터

모범답안

6	1	4	5	2	3
2	5	3	4	1	6
1	6	5	3	4	2
3	4	2	6	5	1
4	3	1	2	6	5
5	2	6	1	3	4

해설

- 사각형의 가장 바깥쪽 테두리의 빈칸에 들어갈 수를 먼저 찾는다.
- 주어진 규칙에 맞게 빈칸을 채운다.

채점기준 요소별 채점

컴퓨팅 사고력(7점): 자료의 배열
··→ 빈칸의 모든 수를 정확하게 배열한 경우 점수를 부여한다.

채점기준	점수
답을 바르게 구한 경우	7점

13 컴퓨팅 사고력

평가 영역	컴퓨팅 사고력
사고 영역	정보보안과 정보윤리

예시답안

장점

• 사람들이 누구인지 더 정확하게 구분할 수 있을 것이다.

• 얼굴만으로 자신임을 증명할 수 있으므로 편리할 것이다.

• 신분증이나 여권을 위조하여 발생하는 범죄가 사라질 것이다.

• 자신을 증명하기 위한 신분증이나 여권을 가지고 다닐 필요가 없어질 것이다.

단점

• 얼굴이 똑같이 생긴 쌍둥이를 잘 구분하지 못할 것이다.

• 사고나 성형수술로 얼굴이 달라진 경우 자신을 증명할 수 없을 것이다.

• 내 얼굴은 누구든 볼 수 있으므로 다른 사람이 사진을 찍어 사용할 수 있을 것이다.

• 얼굴 인식 기능을 활용하기 위한 장비나 프로그램을 개발하는 데 많은 비용이 들 것이다.

채점기준 총체적 채점

컴퓨팅 사고력(7점): 정보보안

···▶ 얼굴 인식 기능을 활용한 기술이 널리 사용될 때 생길 수 있는 장점과 단점으로 적절한 것의 수를 세어 점수를 부여한다.

아이디어의 수	점수
1개	1점
2개	3점
3개	5점
4개	7점

14 융합 사고력

평가 영역	융합 사고력
사고 영역	문제 파악 능력, 문제 해결 능력

(1)

모범답안

A=4, B=8, C=16

풀이

1bit	2bits	3bits	4bits
0	00	000	0000
1	01	001	0001
끝	10	010	0010
	11	011	0011
	끝	100	0100
		101	0101
		110	0110
		111	0111
		끝	1000
			⋮
1비트 조합으로 표현 가능한 수의 총 개수	2비트 조합으로 표현 가능한 수의 총 개수	3비트 조합으로 표현 가능한 수의 총 개수	4비트 조합으로 표현 가능한 수의 총 개수
2	4	8	16

채점기준 요소별 채점

문제 파악 능력(3점)

⋯ 표를 완성하여 규칙을 찾아 A, B, C의 값을 구한 경우 점수를 부여한다.

채점기준	점수
A를 구한 경우	1점
B를 구한 경우	1점
C를 구한 경우	1점

(2)

박스	묶음	켤레	개	이진법의 수
1	0	1	1	1011

따라서 십진법의 수 11은 이진법의 수 1011로 나타낼 수 있다.

풀 이

양말 11개는 양말 5켤레와 1개이다. 양말 5켤레는 양말 2묶음과 1켤레이다.

양말 2묶음은 양말 1박스이다.

따라서 양말 11개는 양말 1박스, 양말 1켤레, 양말 1개이고 이를 이진법의 수로 나타내면 1011이다.

양말 1켤레는 양말 2개, 양말 1묶음은 양말 4개, 양말 1박스는 양말 8개로 정의하였다.

이는 2의 거듭제곱으로 표현할 수 있으므로 이진법의 표현과 같다.

채점기준 요소별 채점

문제 해결 능력(5점)
···▶ 문제를 해결하는 과정을 적절히 서술한 경우 점수를 부여한다.
···▶ 표의 빈칸을 바르게 채우고 답을 구한 경우 점수를 부여한다.

채점기준	점수
문제를 해결하는 과정을 적절히 서술한 경우	3점
표의 빈칸을 바르게 채운 경우	2점

✔ 문항 구성 및 채점표

평가 영역 / 문항	창의성 유창성	이산수학	컴퓨팅 사고력	융합 사고력 문제 파악 능력	문제 해결 능력
1	점				
2		점			
3		점			
4		점			
5		점			
6		점			
7				점	점
8			점		
9			점		
10			점		
11			점		
12			점		
13			점		
14				점	점

평가 영역별 점수	창의성	이산수학	컴퓨팅 사고력	문제 파악 능력	문제 해결 능력
	/ 7점	/ 35점	/ 42점	융합 사고력	
				/ 16점	
			총점		점

✔ 평가결과에 대한 학습 방향

창의성	6점 이상	흔하지 않은 독창적인 아이디어를 찾는 연습을 하세요.
	6점 미만	더욱 다양한 아이디어를 찾는 연습을 하세요.
이산수학	27점 이상	다양한 문제를 접해 실력을 다지세요.
	27점 미만	틀린 문제와 관련된 개념을 확인하고 답안을 작성하는 연습을 하세요.
컴퓨팅 사고력	35점 이상	프로그래밍 언어나 자신의 관심 분야에 더 집중해 보세요.
	35점 미만	틀린 문제를 바탕으로 약한 분야에 대한 내용을 공부하세요.
융합 사고력	13점 이상	다양한 아이디어나 자신의 생각을 답안으로 정리해 보세요.
	13점 미만	문제의 의도나 자료를 꼼꼼하게 살펴보고 답안을 작성하는 연습을 하세요.

01 일반 창의성

평가 영역	일반 창의성
사고 영역	유창성

예시답안

$4 \text{ L} = 5 + 5 - 3 - 3$

$6 \text{ L} = 8 + 8 - 5 - 5$

$7 \text{ L} = 3 + 3 + 3 + 3 - 5$

$9 \text{ L} = 5 + 5 + 5 - 3 - 3$

$10 \text{ L} = 8 + 5 - 3$

$12 \text{ L} = 5 + 5 + 5 - 3$

$14 \text{ L} = 8 + 3 + 3$

$15 \text{ L} = 8 + 8 + 5 - 3 - 3$

$17 \text{ L} = 8 + 3 + 3 + 3$

$18 \text{ L} = 8 + 8 + 8 - 3 - 3$

채점기준 총체적 채점

유창성(7점): 적절한 아이디어의 수
⋯› 예시답안 이외의 계산식이어도 계산 결과가 문제의 조건에 맞는 경우 정답으로 인정한다.
⋯› 계산식의 순서가 다르더라도 계산 결과가 문제의 조건에 맞는 경우 정답으로 인정한다.
⋯› 적절한 아이디어라고 여겨지는 것의 수를 세어 다음 기준에 따라 점수를 부여한다.

아이디어의 수	점수
1~2개	1점
3~4개	2점
5~6개	3점
7~8개	5점
9~10개	7점

02 이산수학

평가 영역	이산수학
사고 영역	확률과 통계

모범답안

61점

풀 이

가장 많은 점수를 얻기 위해서는 점수가 높은 A 바구니에 최대한 많은 공을 넣고 마지막 공인 10번째 공은 점수가 높은 A 바구니에 넣어야 한다. 또, 바구니에 최대한 많은 공을 넣기 위해서는 바구니가 가득 차는 공의 개수보다 1개 적게 공을 넣어야 한다.

A 바구니에 2개의 공을 넣는 경우: $10 \times 2 = 20$(점)

B 바구니에 3개의 공을 넣는 경우: $5 \times 3 = 15$(점)

C 바구니에 3개의 공을 넣는 경우: $5 \times 3 = 15$(점)

D 바구니에 1개의 공을 넣는 경우: $1 \times 1 = 1$(점)

9개의 공을 던져서 나올 수 있는 최고 점수는 $20 + 15 + 15 + 1 = 51$(점)이다.

마지막 10번째 공을 10점짜리인 A 바구니에 넣으면 최고 점수는 $51 + 10 = 61$(점)이 된다.

채점기준 요소별 채점

이산수학(7점): 확률과 통계

⋯ 10번째 공은 점수가 가장 높은 바구니에 넣어야 한다는 내용이 서술된 경우 점수를 부여한다.

⋯ 점수가 높은 바구니부터 채워 9개의 공을 넣었을 때 51점을 받을 수 있다는 내용이 포함된 경우 점수를 부여한다.

채점기준	점수
점수가 높은 바구니부터 채워 가장 높은 점수를 받는 방법을 서술한 경우	4점
답을 바르게 구한 경우	3점

03 이산수학

평가 영역	이산수학
사고 영역	확률과 통계

모범답안

51번

풀 이

박수를 친 횟수는 201부터 299까지의 수 중에서 각 자릿수에 3 또는 6 또는 9가 사용된 수의 개수와 같다.

일의 자리에 숫자 3이 사용된 수: 203, 213, ⋯, 293의 10개

일의 자리에 숫자 6이 사용된 수: 206, 216, ⋯, 296의 10개

일의 자리에 숫자 9가 사용된 수: 209, 219, ⋯, 299의 10개

십의 자리에 숫자 3이 사용된 수: 230, 231, ⋯, 239의 10개

십의 자리에 숫자 6이 사용된 수: 260, 261, ⋯, 269의 10개

십의 자리에 숫자 9가 사용된 수: 290, 291, ⋯, 299의 10개

숫자 3, 6, 9 중 2개가 포함된 수는 2번 세어졌으므로 그 개수를 뺀다.

숫자 3, 6, 9 중 2개가 포함된 수: 233, 236, 239, 263, 266, 269, 293, 296, 299의 9개

따라서 박수를 친 횟수는 $10 \times 6 - 9 = 51$(번)이다.

채점기준 요소별 채점

이산수학(7점): 확률과 통계

⋯ 조건을 나누어 각 자릿수에 숫자 3, 6, 9가 사용된 수를 구하지 않고, 하나씩 모두 써서 구한 경우 감점한다.

⋯ 풀이 과정 없이 답만 서술한 경우 점수를 부여하지 않는다.

채점기준	점수
각 자릿수에 3 또는 6 또는 9가 사용된 수의 개수를 구한 경우	2점
중복되어 세어진 수의 개수를 구한 경우	3점
답을 바르게 구한 경우	2점

04 이산수학

평가 영역	이산수학
사고 영역	효율적인 경로와 그래프

모범답안

90가지

풀이

점 C를 반드시 거쳐야 하므로 점 A에서 점 C까지의 가장 짧은 경로와 점 C에서 점 B까지의 가장 짧은 경로로 나누어 가능한 방법을 구한다. 각각의 경로의 수를 구하면 다음 그림과 같다.

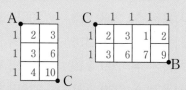

점 A에서 점 C까지 가는 가장 짧은 경로의 수는 10가지

점 C에서 점 B까지 가는 가장 짧은 경로의 수는 9가지

따라서 점 A에서 점 B까지 가는 가장 짧은 경로의 수는 모두 $10 \times 9 = 90$(가지)이다.

채점기준 요소별 채점

이산수학(7점): 효율적인 경로

⋯ 점 A에서 점 C까지, 점 C에서 점 B까지 구분하여 경로를 구하는지 평가한다.

⋯ 점 A에서 점 C까지, 점 C에서 점 B까지의 경로로 나누어 서술하였을 때, 각각의 경우 풀이 과정을 바르게 서술하였으면 점수를 부여한다.

채점기준	점수
점 A에서 점 C까지의 가장 짧은 경로의 수를 바르게 구한 경우	2점
점 C에서 점 B까지의 가장 짧은 경로의 수를 바르게 구한 경우	2점
점 A에서 점 B까지의 가장 짧은 경로의 수를 바르게 구한 경우	3점

05 이산수학

평가 영역	이산수학
사고 영역	규칙성

모범답안

1원, 2원, 3원, 4원, 7원, 8원, 9원, 13원, 14원, 19원

풀이

가장 작은 단위의 동전이 5원짜리 동전이므로 5원보다 작은 금액은 모두 만들 수 없다. 두 동전 중 금액이 큰 6원짜리 동전의 개수에 따라 만들 수 있는 금액을 표로 정리하면 다음과 같다.

(단위: 원)

6원짜리 동전 1개를 사용해 만들 수 있는 금액	1	6	11	16	21	26	31	…
6원짜리 동전 2개를 사용해 만들 수 있는 금액	2	7	12	17	22	27	32	…
6원짜리 동전 3개를 사용해 만들 수 있는 금액	3	8	13	18	23	28	33	…
6원짜리 동전 4개를 사용해 만들 수 있는 금액	4	9	14	19	24	29	34	…
5원짜리 동전만 사용해 만들 수 있는 금액	5	10	15	20	25	30	35	…

채점기준 요소별 채점

이산수학(7점): 규칙성

⋯ 풀이 과정 없이 만들 수 없는 모든 금액을 하나씩 나열한 경우 감점한다.

⋯ 풀이 과정을 표로 나타내지 않더라도 답을 구하는 과정으로 적절한 경우 점수를 부여한다.

채점기준	점수
풀이 과정을 바르게 서술한 경우	4점
답을 바르게 구한 경우	3점

06 이산수학

평가 영역	이산수학
사고 영역	논리

모범답안

㉮ 또는 ㉰

풀 이

(i) C는 항상 가운데 앉는다고 했으므로 C의 자리는 ㉰ 또는 ㉯이다.

(ii) D는 A의 오른쪽에 앉아 있지만 반드시 붙어 있지 않아도 된다.

(iii) B의 옆에는 아무도 없으므로 B의 위치는 양쪽 끝이며 반드시 옆자리가 비어 있어야 한다.

(i), (ii), (iii)에 의해서 A, B, C, D, E 5명의 위치는 다음과 같다.

㉮	㉯	㉰	㉱	㉲	㉳
E	A	C	D		B

또는

㉮	㉯	㉰	㉱	㉲	㉳
B		E	C	A	D

채점기준 요소별 채점

이산수학(7점): 논리

⋯ 가능한 두 자리 중 한 자리만 찾은 경우 점수를 부여하지 않는다.

⋯ 한 자리의 위치라도 틀린 경우 점수를 부여하지 않는다.

채점기준	점수
답을 바르게 구한 경우	7점

07 융합 사고력

평가 영역	융합 사고력
사고 영역	문제 파악 능력, 문제 해결 능력

(1)

모범답안

5년

풀 이

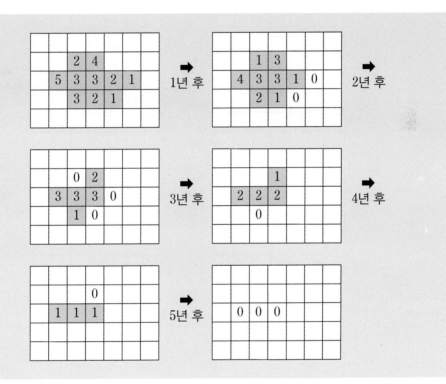

채점기준 요소별 채점

문제 파악 능력(3점)

⋯ 매년 변화하는 빙산의 크기와 두께를 모두 바르게 나타낸 경우에만 점수를 부여한다.

채점기준	점수
매년 변화하는 빙산의 크기와 두께를 바르게 나타낸 경우	2점
답을 바르게 구한 경우	1점

(2)

모범답안

6년

풀 이

3	7	5	2	
8	5	7	8	4
7	3		5	
	5			

➡ 1년 후

	1	6	4	0
	7	5	6	8	1
	5	2		2
		2		

➡ 2년 후

0	5	2		
6	5	5	7	0
3	1		0	
	0			

➡ 3년 후

		3	0	
	4	5	4	4
	1	0		

➡ 4년 후

	0			
2	4	2	1	
0				

➡ 5년 후

	0	2	0	0

➡ 6년 후

	0			

채점기준   요소별 채점

문제 파악 능력(5점)

⋯▸ 매년 변화하는 빙산의 크기와 두께를 모두 바르게 나타낸 경우에만 점수를 부여한다.

채점기준	점수
매년 변화하는 빙산의 크기와 두께를 바르게 나타낸 경우	3점
답을 바르게 구한 경우	2점

08 컴퓨팅 사고력

평가 영역	컴퓨팅 사고력
사고 영역	순서도와 알고리즘

506

풀이

순서도에 따르면 입력된 수가 2의 배수이면 3을 더하고 2의 배수가 아니면 2를 곱한다.

또, 계산한 결과가 300보다 커야 출력된다.

1은 2의 배수가 아니므로 2를 곱하면 2

2는 2의 배수이므로 3을 더하면 5

5는 2의 배수가 아니므로 2를 곱하면 10

10은 2의 배수이므로 3을 더하면 13

13은 2의 배수가 아니므로 2를 곱하면 26

26은 2의 배수이므로 3을 더하면 29

29는 2의 배수가 아니므로 2를 곱하면 58

58은 2의 배수이므로 3을 더하면 61

61은 2의 배수가 아니므로 2를 곱하면 122

122는 2의 배수이므로 3을 더하면 125

125는 2의 배수가 아니므로 2를 곱하면 250

250은 2의 배수이므로 3을 더하면 253

253은 2의 배수가 아니므로 2를 곱하면 506

따라서 1을 입력했을 때 출력되는 값은 506이다.

채점기준 요소별 채점

컴퓨팅 사고력(7점): 순서도

⋯ 규칙성을 이용해 입력된 수에 따라 출력되는 과정에서의 결과값만 나열한 경우에도, 나열된 값이 순서대로 바르게 나열되었으면 점수를 부여한다.

채점기준	점수
풀이 과정을 바르게 서술한 경우	4점
답을 바르게 구한 경우	3점

09 컴퓨팅 사고력

평가 영역	컴퓨팅 사고력
사고 영역	코딩과 프로그래밍

모범답안

시작	m	F	F	F	F	L	F	F	L
F	F	R	F	F	F	R	F	R	F
L	F	R	F	L	F	L	F	F	m
s	끝								

해설

출발점에서 목적지까지 가장 빠르게 도착하기 위한 경로는 다음과 같다.

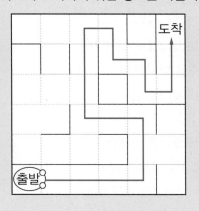

채점기준 요소별 채점

컴퓨팅 사고력(7점): 코딩과 프로그래밍

⟶ 빈칸에 입력된 버튼의 개수나 순서가 다른 경우 점수를 부여하지 않는다.

채점기준	점수
답을 바르게 구한 경우	7점

10 컴퓨팅 사고력

평가 영역	컴퓨팅 사고력
사고 영역	코딩과 프로그래밍

모범답안

A, C, B

풀 이

현재 달리고 있는 자동차의 순서는 A, B, C이다.

오르막코스를 지나면 B 자동차가 한 대를 앞지르므로 달리는 순서는 B, A, C이다.

직선코스를 지나면 C 자동차가 한 대를 앞지르므로 달리는 순서는 B, C, A이다.

회전코스를 지나면 A 자동차가 두 대를 앞지르므로 달리는 순서는 A, B, C이다.

직선코스를 지나면 C 자동차가 한 대를 앞지르므로 달리는 순서는 A, C, B이다.

따라서 결승선을 지나는 자동차의 순서는 A, C, B이다.

채점기준 요소별 채점

컴퓨팅 사고력(7점): 코딩과 프로그래밍

⋯ 자동차의 특징에 따라 지나는 코스에서 달라지는 자동차의 순서를 차례로 서술한 경우 점수를 부여한다.

채점기준	점수
풀이 과정을 바르게 서술한 경우	4점
답을 바르게 구한 경우	3점

11 컴퓨팅 사고력

평가 영역	컴퓨팅 사고력
사고 영역	하드웨어와 소프트웨어

모범답안

- 영화만 저장할 경우: 256편
- 음악만 저장할 경우: 209715곡

풀이

1TB=1024GB, 1GB=1024MB이므로 1TB=1024×1024=1048576MB이다.

영화만 저장하는 경우 영화 1편의 용량은 4GB이므로

1024÷4=256, 즉 256편을 저장할 수 있다.

음악만 저장하는 경우 음악 1곡의 용량은 5MB이므로

1048576÷5=209715⋯1, 즉 209715곡을 저장할 수 있다.

채점기준   요소별 채점

컴퓨팅 사고력(7점): 하드웨어

⋯ 저장 가능한 음악 수를 구하기 위해 TB 단위를 MB단위를 바꾸어 계산한 경우 점수를 부여한다.

아이디어의 수	점수
저장 가능한 영화 수를 구한 경우	3점
TB 단위를 MB 단위로 바르게 계산한 경우	1점
저장 가능한 음악 수를 구한 경우	3점

12 컴퓨팅 사고력

평가 영역	컴퓨팅 사고력
사고 영역	자료와 데이터

모범답안

39580원

풀 이

사용량에 따른 사용요금을 구해 기본요금과 더한다. 사용요금을 구하는 경우 무료로 제공되는 양을 고려해 사용요금을 계산한다.

기본요금: 24000원

문자요금(350건): $100 \times 30 + 100 \times 20 + 50 \times 10 = 3000 + 2000 + 500 = 5500$(원)

데이터요금(9GB): $1500 \times 6 = 9000$(원)

통화요금(136분): $36 \times 30 = 1080$(원)

요금합계: $24000 + 5500 + 9000 + 1080 = 39580$(원)

따라서 경훈이의 지난달 스마트폰 사용요금은 39580원이다.

채점기준 요소별 채점

컴퓨팅 사고력(7점): 자료의 배열

⋯▶ 항목별 사용요금을 바르게 구한 경우 점수를 부여한다.

채점기준	점수
문자 사용요금을 바르게 구한 경우	2점
데이터 사용요금을 바르게 구한 경우	2점
통화 사용요금을 바르게 구한 경우	2점
지난달 스마트폰 사용요금을 바르게 구한 경우	1점

13 컴퓨팅 사고력

평가 영역	컴퓨팅 사고력
사고 영역	정보보안과 정보윤리

예시답안

(1) TEST (2) TEA (3) ASA (4) 해독 불가

해설

6개의 숫자씩 나누어 해당되는 알파벳을 찾는다. 해당되는 알파벳이 없는 경우 6개의 숫자 중 1개를 바꾸어 찾을 수 있는 알파벳이 있는지 확인한다. 2개 이상의 숫자가 일치하지 않는 경우 '해독 불가'로 출력한다.

(1) 100110 | 001111 | 101001 | 100111

                                     100110

    T   E   S   T

(2) 110110 | 011111 | 010000

  100110   001111 000000

    T   E   A

(3) 100000 | 001001 | 000001

  000000   101001 000000

    A   S   A

(4) 101010 | 010100 | 110000

  111010   011100   ×

    Z   O

해독 불가

채점기준 총체적 채점

컴퓨팅 사고력(7점): 정보보안

··· (1), (2), (3), (4)의 정답에 따라 각각 점수를 부여한다.

아이디어의 수	점수
(1)의 답을 바르게 구한 경우	1점
(2), (3), (4)의 답을 바르게 구한 경우	각 2점

14 융합 사고력

평가 영역	융합 사고력
사고 영역	문제 파악 능력, 문제 해결 능력

(1)

모범답안

회장: 후보 ②번, 부회장: 후보 ①번

풀이

후보	득표 수			합계
	1순위	2순위	3순위	
후보 ①	2명	2명	3명	$20 \times 2 + 10 \times 2 + 5 \times 3 = 40 + 20 + 15 = 75$(점)
후보 ②	3명	3명		$20 \times 3 + 10 \times 3 = 60 + 30 = 90$(점)
후보 ③	2명	2명	1명	$20 \times 2 + 10 \times 2 + 5 \times 1 = 40 + 20 + 5 = 65$(점)
후보 ④	2명	2명	2명	$20 \times 2 + 10 \times 2 + 5 \times 2 = 40 + 20 + 10 = 70$(점)
후보 ⑤	1명	1명	4명	$20 \times 1 + 10 \times 1 + 5 \times 4 = 20 + 10 + 20 = 50$(점)

따라서 회장은 후보 ②, 부회장은 후보 ①이다.

채점기준 요소별 채점

문제 파악 능력(3점)
··· 각 후보의 점수를 모두 바르게 계산한 경우 점수를 부여한다.

채점기준	점수
풀이 과정을 바르게 서술한 경우	2점
회장과 부회장을 바르게 찾은 경우	1점

(2)

 모범답안

회장: 후보 ③, 부회장: 후보 ④

	득표 수			합계
	1순위	2순위	3순위	
후보 ①	28	18	14	810점
후보 ②	23	17	10	680점
후보 ③	25	35	26	980점
후보 ④	24	25	20	830점
선택 수	100	95	70	3300점

풀이

후보 ①: $810-(28\times20+14\times5)=810-630=180$(점)이므로 $180\div10=18$, 즉 2순위 득표수는 18표이다.

후보 ②: $70-(14+26+20)=10$이므로
$$23\times20+17\times10+10\times5=460+170+50=680(점)이다.$$

후보 ③: $25\times20+35\times10+26\times5=500+350+130=980$(점)이다.

후보 ④: 1순위 득표수는 $100-(28+23+25)=24$(표),
2순위 득표수는 $95-(18+17+35)=25$(표)
이므로 $24\times20+25\times10+20\times5=480+250+100=830$(점)이다.

따라서 회장은 후보 ③, 부회장은 후보 ④이다.

채점기준 요소별 채점

문제 파악 능력(5점)

⋯→ 빈칸을 채우고 후보별 점수를 바르게 구한 경우 점수를 부여한다.

⋯→ 풀이 과정 없이 답만 서술한 경우 점수를 부여하지 않는다.

채점기준	점수
풀이 과정을 바르게 서술한 경우	3점
회장과 부회장을 바르게 찾은 경우	2점

SW 정보영재 평가가이드

문항 구성 및 채점표

문항 \ 평가 영역	창의성 유창성	이산수학	컴퓨팅 사고력	융합 사고력 문제 파악 능력	문제 해결 능력
1	점				
2		점			
3		점			
4		점			
5		점			
6		점			
7				점	점
8			점		
9			점		
10			점		
11			점		
12			점		
13			점		
14				점	점

평가 영역별 점수	창의성	이산수학	컴퓨팅 사고력	문제 파악 능력	문제 해결 능력
	/ 7점	/ 35점	/ 42점	융합 사고력	
				/ 16점	
			총점		점

평가결과에 대한 학습 방향

창의성	6점 이상	흔하지 않은 독창적인 아이디어를 찾는 연습을 하세요.
	6점 미만	더욱 다양한 아이디어를 찾는 연습을 하세요.

이산수학	27점 이상	다양한 문제를 접해 실력을 다지세요.
	27점 미만	틀린 문제와 관련된 개념을 확인하고 답안을 작성하는 연습을 하세요.

컴퓨팅 사고력	35점 이상	프로그래밍 언어나 자신의 관심 분야에 더 집중해 보세요.
	35점 미만	틀린 문제를 바탕으로 약한 분야에 대한 내용을 공부하세요.

융합 사고력	13점 이상	다양한 아이디어나 자신의 생각을 답안으로 정리해 보세요.
	13점 미만	문제의 의도나 자료를 꼼꼼하게 살펴보고 답안을 작성하는 연습을 하세요.

01 일반 창의성

평가 영역	일반 창의성
사고 영역	유창성

세로로 놓은 작은 직사각형의 개수에 따라 가능한 경우를 나누어 순서대로 찾는다.

(i) 세로로 놓은 직사각형이 5개인 경우

(ii) 세로로 놓은 직사각형이 3개인 경우

(iii) 세로로 놓은 직사각형이 1개인 경우

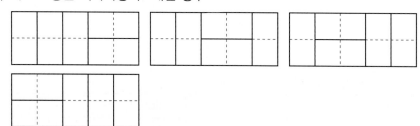

채점기준 총체적 채점

유창성(7점): 적절한 아이디어의 수

···• 순서에 상관없이 가능한 모양을 바르게 그린 경우 점수를 부여한다.

···• 적절한 아이디어라고 여겨지는 것의 수를 세어 다음 기준에 따라 점수를 부여한다.

아이디어의 수	점수
1~2개	1점
3~4개	2점
5~6개	3점
7개	5점
8개	7점

02 이산수학

평가 영역	이산수학
사고 영역	확률과 통계

모범답안

13가지

풀이

개울의 반대편에 도착하기 위해서는 6칸을 뛰어야 한다.

(i) 1칸씩만 이동하는 경우

$1+1+1+1+1+1=6$의 1가지이다.

(ii) 2칸을 뛰어 이동하는 경우가 1번인 경우

$1+1+1+1+2=6$, $1+1+1+2+1=6$, $1+1+2+1+1=6$, $1+2+1+1+1=6$,

$2+1+1+1+1=6$의 5가지이다.

(iii) 2칸을 뛰어 이동하는 경우가 2번인 경우

$1+1+2+2=6$, $1+2+1+2=6$, $2+1+1+2=6$, $2+1+2+1=6$, $2+2+1+1=6$,

$1+2+2+1=6$의 6가지이다.

(iv) 2칸을 뛰어 이동하는 경우가 3번인 경우

$2+2+2=6$의 1가지이다.

따라서 구하는 방법의 수는 $1+5+6+1=13$(가지)이다.

채점기준 요소별 채점

이산수학(7점): 확률과 통계

┉ 조건을 나누어 가능한 경우를 구하지 않아도 모든 경우를 바르게 구한 경우 점수를 부여한다.

┉ 조건을 나누어 가능한 경우를 구했지만 모든 경우를 바르게 구하지 못한 경우 감점한다.

┉ 풀이 과정 없이 답만 서술한 경우 점수를 부여하지 않는다.

채점기준	점수
풀이 과정을 적절히 서술한 경우	4점
답을 바르게 구한 경우	3점

03 이산수학

평가 영역	이산수학
사고 영역	확률과 통계

모범답안

34가지

풀이

삼각형이 되기 위해서는 가장 긴 변의 길이가 나머지 두 변의 길이의 합보다 작아야 한다.

(i) 가장 긴 변이 9 cm일 때

(8 cm, 7 cm), (8 cm, 6 cm), (8 cm, 5 cm), (8 cm, 4 cm), (8 cm, 3 cm),
(8 cm, 2 cm), (7 cm, 6 cm), (7 cm, 5 cm), (7 cm, 4 cm), (7 cm, 3 cm),
(6 cm, 5 cm), (6 cm, 4 cm)의 12가지이다.

(ii) 가장 긴 변이 8 cm일 때

(7 cm, 6 cm), (7 cm, 5 cm), (7 cm, 4 cm), (7 cm, 3 cm), (7 cm, 2 cm),
(6 cm, 5 cm), (6 cm, 4 cm), (6 cm, 3 cm), (5 cm, 4 cm)의 9가지이다.

(iii) 가장 긴 변이 7 cm일 때

(6 cm, 5 cm), (6 cm, 4 cm), (6 cm, 3 cm), (6 cm, 2 cm), (5 cm, 4 cm),
(5 cm, 3 cm)의 6가지이다.

(iv) 가장 긴 변이 6 cm일 때

(5 cm, 4 cm), (5 cm, 3 cm), (5 cm, 2 cm), (4 cm, 3 cm)의 4가지이다.

(v) 가장 긴 변이 5 cm일 때, (4 cm, 3 cm), (4 cm, 2 cm)의 2가지이다.

(vi) 가장 긴 변이 4 cm일 때, (3 cm, 2 cm)의 1가지이다.

따라서 만들 수 있는 삼각형의 가짓수는 12+9+6+4+2+1=34(가지)이다.

채점기준 요소별 채점

이산수학(7점): 확률과 통계

… 가장 긴 변 또는 어떤 기준에 따라 가능한 경우를 나누어 구한 경우 점수를 부여한다.

… 풀이 과정 없이 답만 서술한 경우 점수를 부여하지 않는다.

채점기준	점수
풀이 과정을 적절히 서술한 경우	4점
답을 바르게 구한 경우	3점

04 이산수학

평가 영역	이산수학
사고 영역	효율적인 경로와 그래프

모범답안

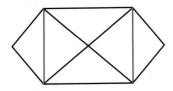

해설

한붓그리기가 가능한 도형 중에서 출발점과 도착점의 위치가 같은 도형은 각 꼭짓점에 모이는 선분의 개수가 모두 짝수인 도형이다. 위와 같이 2개의 선분을 추가해 한붓그리기를 하면 다음 과 같으며 이외에도 한붓그리기를 할 수 있는 방법이 여러 가지가 있다.

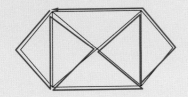　　　　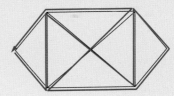

채점기준 요소별 채점

이산수학(7점): 효율적인 경로
⋯▸ 2개의 선분을 추가하는 경우만 정답으로 인정하고 점수를 부여한다.

채점기준	점수
답을 바르게 구한 경우	7점

05 이산수학

평가 영역	이산수학
사고 영역	규칙성

모범답안

바 상자

풀 이

장치가 공을 넣는 순서에 따라 처음에 공을 넣은 상자에 다시 공을 넣게 될 때까지 반복되는 마디는 '가 – 나 – 다 – 라 – 마 – 바 – 사 – 바 – 마 – 라 – 다 – 나'이다. 즉, 12개의 공마다 같은 마디가 반복된다.

$200 \div 12 = 16 \cdots 8$이므로 같은 마디가 12번 반복되고 8개의 공이 남는다.

따라서 200번째 공은 8번째에 해당하는 바 상자에 들어간다.

채점기준 요소별 채점

이산수학(7점): 규칙성

⋯ 공을 넣는 규칙이나 반복되는 마디를 찾아 풀이 과정을 서술한 경우 점수를 부여한다.

⋯ 풀이 과정 없이 답만 서술한 경우 점수를 부여하지 않는다.

채점기준	점수
풀이 과정을 적절히 서술한 경우	4점
답을 바르게 구한 경우	3점

06 이산수학

평가 영역	이산수학
사고 영역	논리

모범답안

415

풀 이

541을 입력한 결과가 ◎ ◎ ◎이므로 암호에 사용된 숫자는 5, 4, 1이다.

864를 입력한 결과가 ◎ ○ ○이므로 숫자 4의 자리는 두 번째, 세 번째 자리가 될 수 없으므로 4는 첫 번째 자리의 숫자이다.

945를 입력한 결과가 ● ◎ ○이고, 이때 ◎가 의미하는 자릿수는 다르지만 암호에 포함된 숫자는 4이므로 5는 세 번째 자리의 숫자이다.

따라서 생성된 세 자리 수의 암호는 415이다.

채점기준 요소별 채점

이산수학(7점): 논리
⋯▸ 풀이 과정 없이 답만 구한 경우 감점한다.

채점기준	점수
풀이 과정을 적절히 서술한 경우	4점
답을 바르게 구한 경우	3점

 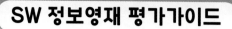
07 융합 사고력

평가 영역	융합 사고력
사고 영역	문제 파악 능력, 문제 해결 능력

(1)

모범답안

홀수자리	1	3	5	7	9	11	합계
숫자	8	0	0	4	0	6	18
짝수자리	2	4	6	8	10	12	합계
숫자	8	1	9	9	2	0	29
(짝수자리의 숫자의 합계)×3					=	87	

채점기준 요소별 채점

문제 파악 능력(3점)
⋯▸ 표의 모든 칸을 바르게 채운 경우 점수를 부여한다.

채점기준	점수
답을 바르게 구한 경우	3점

(2)

5

각 자리의 숫자를 이용해 체크숫자를 구하면 다음과 같다.

홀수자리	1	3	5	7	9	11	합계
숫자	8	0	3	6	3	0	20
짝수자리	2	4	6	8	10	12	합계
숫자	8	1	7	0	9	0	25
(짝수자리의 숫자의 합계)×3				=			75

$75+20+\square=95+\square$는 10의 배수가 되어야 하므로 $\square=5$이다.

따라서 □ 안에 들어갈 알맞은 체크숫자는 5이다.

문제 파악 능력(5점)

··· (1)에서와 같이 표를 만들어서 서술한 경우 추가점수를 부여한다.

··· 풀이 과정 없이 답만 서술한 경우 점수를 부여하지 않는다.

채점기준	점수
풀이 과정을 적절히 서술한 경우	3점
답을 바르게 구한 경우	2점

08 컴퓨팅 사고력

평가 영역	컴퓨팅 사고력
사고 영역	순서도와 알고리즘

예시답안

A	사람, 개, 고양이, 개구리, 악어, 사자, 곰, 고등어 등
B	비둘기, 독수리, 제비, 닭, 오리, 타조 등
C	메뚜기, 매미, 개미, 벌, 사마귀, 파리, 모기 등
D	지네, 문어, 오징어, 지렁이, 불가사리 등

해설

각 모둠에 들어갈 동물의 조건을 정리하면 다음과 같다.

A: 몸에 뼈는 있지만 날개는 없는 동물

　　⇨ 어류, 양서류, 파충류, 포유류의 척추동물

B: 몸에 뼈와 날개가 모두 있는 동물

　　⇨ 조류

C: 몸에 뼈는 없지만 다리가 6개인 동물

　　⇨ 곤충

D: 몸에 뼈도 없고 다리도 6개가 아닌 동물

　　⇨ 곤충을 제외한 무척추동물

채점기준 총체적 채점

컴퓨팅 사고력(7점): 순서도

⋯ 각 모둠별로 적절한 동물을 3가지씩 서술한 경우 점수를 부여한다.

⋯ 적절한 아이디어라고 여겨지는 것의 수를 세어 다음 기준에 따라 점수를 부여한다.

아이디어의 수	점수
1~3개	1점
4~7개	3점
8~11개	5점
12개	7점

09 컴퓨팅 사고력

평가 영역	컴퓨팅 사고력
사고 영역	코딩과 프로그래밍

모범답안

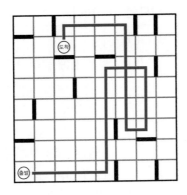

(출발) – (왼쪽) – (오른쪽) – (오른쪽) – (오른쪽) – (오른쪽) – (왼쪽) – (왼쪽) – (도착)

해 설

다음과 같은 경로는 도착점에 도착하지 못하고 지나가게 되므로 적절한 경로가 될 수 없다.

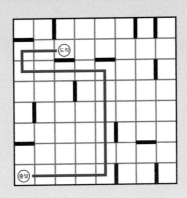

채점기준 요소별 채점

컴퓨팅 사고력(7점): 코딩과 프로그래밍

⤷ 가장 빠른 경로를 잘못 정했지만 정한 경로에 따른 알고리즘을 바르게 서술한 경우 점수를 부여한다.

아이디어의 수	점수
가장 빠른 경로를 바르게 표시한 경우	4점
경로에 따른 알고리즘을 바르게 서술한 경우	3점

10 컴퓨팅 사고력

평가 영역	컴퓨팅 사고력
사고 영역	코딩과 프로그래밍

모범답안

물통의 물을 최소 4번만 옮겨 담으면 가능하다.

순서	12 L	7 L	4 L	방법
처음	12 L	0 L	0 L	12 L에 물이 가득 차 있다.
1	5 L	7 L	0 L	12 L짜리 물통의 물을 7 L짜리 물통에 부어 7 L짜리 물통을 가득 채운다.
2	5 L	3 L	4 L	7 L짜리 물통의 물을 4 L짜리 물통에 부어 4 L짜리 물통을 가득 채운다.
3	9 L	3 L	0 L	4 L짜리 물통의 물을 12 L짜리 물통에 모두 부어 12 L짜리 물통을 채운다. ⇨ 9 L 완성
4	9 L	0 L	3 L	7 L짜리 물통의 물을 4 L짜리 물통에 모두 부어 4 L짜리 물통을 채운다. ⇨ 3 L 완성

해설

12 L짜리 물통의 $\frac{3}{4}$은 $12 \times \frac{3}{4} = 9(\text{L})$이고,

4 L짜리 물통의 $\frac{3}{4}$은 $4 \times \frac{3}{4} = 3(\text{L})$이다.

채점기준 요소별 채점

컴퓨팅 사고력(7점): 코딩과 프로그래밍

···> 물을 담는 방법을 서술한 내용이 답안과 다르더라도 의미가 같으면 점수를 부여한다.

채점기준	점수
표를 바르게 완성한 경우	5점
답을 바르게 구한 경우	2점

11 컴퓨팅 사고력

평가 영역	컴퓨팅 사고력
사고 영역	하드웨어와 소프트웨어

예시답안

배치할 수 없는 부품: D

배치하는 방법

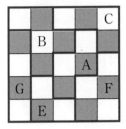

해설

주어진 정사각형 모양의 장치대는 $5 \times 5 = 25$(칸)이다.

A~D까지의 부품들의 칸을 모두 합하면 30칸이므로 장치대에 가장 많은 부품을 빠짐없이 배치한다고 할 때 배치할 수 없는 부품은 5칸짜리 부품이다. 따라서 5칸짜리 부품인 B, D, F 중 하나를 사용하지 않고 장치대를 모두 채우는 방법을 찾는다.

채점기준 요소별 채점

컴퓨팅 사고력(7점): 하드웨어

··· 예시답안 이외에도 배치하는 방법을 그림으로 바르게 나타낸 경우 점수를 부여한다.

채점기준	점수
배치하는 방법을 그림으로 바르게 나타낸 경우	5점
배치할 수 없는 부품을 바르게 구한 경우	2점

12 컴퓨팅 사고력

평가 영역	컴퓨팅 사고력
사고 영역	자료와 데이터

모범답안

승재가 채영이를 만난 지하철역: 철산역

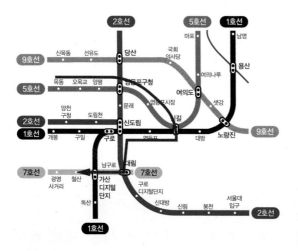

순서	행동	지하철역
1	출발	목동
2	다섯 정거장을 간 후 다른 노선으로 갈아탐	신길
3	두 정거장을 간 후 다른 노선으로 갈아탐	신도림
4	한 정거장을 간 후 다른 노선으로 갈아탐	대림
5	세 번째 정거장에 도착	철산

해설

신길역에서 두 정거장을 간 후 다른 노선으로 갈아탈 수 있는 곳은 노량진역도 가능하다. 하지만 노량진역에서 한 정거장을 간 후 다른 노선으로 갈아탈 수 없으므로 노량진역으로 가지 않았다.

채점기준   요소별 채점

컴퓨팅 사고력(7점): 자료의 배열

⋯ 지도에 경로를 바르게 표시한 경우 점수를 부여한다.

⋯ 표의 모든 내용을 바르게 서술한 경우 점수를 부여한다.

채점기준	점수
경로를 바르게 표시한 경우	2점
표를 바르게 완성한 경우	3점
채영이를 만난 지하철역을 바르게 구한 경우	2점

13 컴퓨팅 사고력

평가 영역	컴퓨팅 사고력
사고 영역	정보보안과 정보윤리

예시답안

42번

풀 이

인호가 살고 있는 아파트의 동은 124동이므로 비밀번호의 첫 번째와 두 번째 자리 숫자가 될 수 있는 숫자는 1, 2, 4이다. 이 중 2개로 만들 수 있는 조합은
12, 21, 14, 41, 24, 42의 6가지이다.
인호는 1003호에 살고 있으므로 세 번째와 네 번째 자리 숫자가 될 수 있는 숫자는 0, 1, 3이다. 이 중 2개로 만들 수 있는 조합은
00, 10, 01, 30, 03, 13, 31의 7가지이다.
따라서 인호가 만들 수 있는 모든 비밀번호의 가짓수는 $6 \times 7 = 42$(가지)이므로 최대 42번을 누르면 찾을 수 있다.

채점기준 요소별 채점

컴퓨팅 사고력(7점): 정보보안
··· 비밀번호로 가능한 숫자 조합을 모두 나열하여 답을 구한 경우 답을 바르게 구했을 때에만 적절한 풀이 과정으로 보고 점수를 부여한다.

채점기준	점수
풀이 과정을 적절히 서술한 경우	4점
답을 바르게 구한 경우	3점

14 융합 사고력

평가 영역	융합 사고력
사고 영역	문제 파악 능력, 문제 해결 능력

(1)

모범답안 1

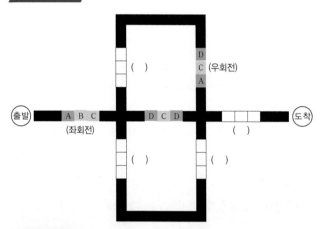

모범답안 2

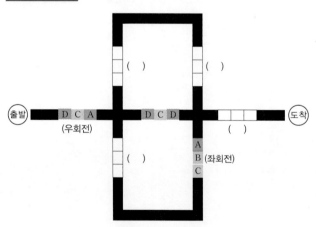

채점기준 요소별 채점

문제 파악 능력(3점)

⋯ 위의 모범답안 중 한 가지 경우를 표시하였으면 점수를 부여한다.

채점기준	점수
가능한 방법을 바르게 표시한 경우	3점

(2)

예시답안

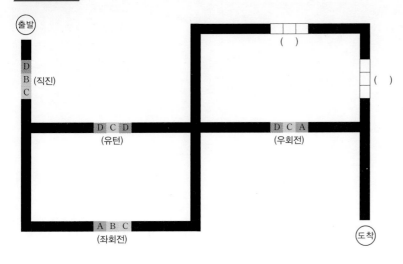

채점기준 요소별 채점

문제 해결 능력(5점)

⋯▸ 예시답안 외에도 명령어를 모두 사용해 목적지에 도착할 수 있는 경우 점수를 부여한다.

채점기준	점수
가능한 방법을 바르게 표시한 경우	5점

MEMO

Always with you

좋은 책을 만드는 길, 독자님과 함께 하겠습니다.

SW 정보영재 영재성검사 창의적 문제해결력 모의고사 (초등 3~4학년)

개정2판1쇄 발행	2023년 07월 10일 (인쇄 2023년 05월 19일)
초 판 발 행	2020년 09월 03일 (인쇄 2020년 07월 15일)
발 행 인	박영일
책 임 편 집	이해욱
편 저	안쌤 영재교육연구소
편 집 진 행	이미림
표지디자인	박수영
편집디자인	곽은슬 · 홍영란
발 행 처	(주)시대교육
공 급 처	(주)시대고시기획
출 판 등 록	제10-1521호
주 소	서울시 마포구 큰우물로 75 [도화동 538 성지 B/D] 9F
전 화	1600-3600
팩 스	02-701-8823
홈 페 이 지	www.sdedu.co.kr

I S B N	979-11-383-5319-9 (63400)
정 가	17,000원